The Democracy
of
Withdrawal Tactics
Policy Choices of Local Governments
Seen in the Termination Processes of Dam Program

撤退戦の民主主義

ダム事業の終了プロセスにみる
地方政府の政策選択

戸田　香 著

法律文化社

はしがき

　社会において大きな構造転換を目的とした意思決定は，多くの国民の理解と合意がないと難しい。今後の社会の姿を考える際，国家という大きなスケールのものであれ，町内会レベルの小規模なものであれ，決めていくのは私たちに他ならない。なぜならこの社会を作ってきたのは政治家だけではなく，官僚だけでもなく，私たちであるからだ。私がこの本で論じているのは，わずかこの5行のことに過ぎない。

　日本の生産年齢人口（いわゆる労働可能人口）は2020年の国勢調査では約7,500万人であったが，2032年，2043年，2062年にはそれぞれ約7,000万人，6,000万人，5,000万人となり，2070年には4,535万人にまで減少する[1]。現役世代の働き手が減り，超高齢化社会が到来する。多くの現場が人手不足に陥り，公務員も当然例外ではない。

　富山市は，2020年，市内のある橋に大きな損傷を発見し，撤去を決めた[2]。市は近くの別の橋で代替可能と考え，新たな橋をかけ直さないという方針を地元に伝えた。一方，地元の住民は反発した。過去の水害経験から，土砂が流れ込んできて道路をふさいだ場合，この橋がなくなると避難が難しくなると危惧したためだ。しかし，2年後，住民は撤去に合意する。放置しておくと橋が崩落する恐れがあると市が説明したためである。

　日本全国で道路にかかる橋は約73万あり，その9割以上が自治体の管理下にある[3]。建設後50年を経過した橋は2032年には約6割に増える。一方で，橋の管理に携わる土木技術者がいない市町村の割合は，町で2割，村で約5割以上存

　1）　国立社会保障・人口問題研究所（2023）「日本の将来推計人口（令和5年推計）」https://www.ipss.go.jp/pp-zenkoku/j/zenkoku2023/pp2023_gaiyou.pdf（2024/12/31 確認）。

　2）　朝日新聞，2024年1月11日（以下，本書において断りがない限り，全て朝刊）。

　3）　国土交通省（2023）「道路橋の集約・撤去事例数　令和5年4月」https://www.mlit.go.jp/road/sisaku/yobohozen/pdf/tekkyo-jirei.pdf（2025/1/1確認）。

在する。

　富山市の選択とそれへの住民の合意が政策的に妥当なものであったのかは私にはわからない。問題は橋だけではない。トンネルや道路，堤防，港湾施設，上下水道，公園や病院などの公共施設全ては老朽化していく。縮小していく社会において，公共サービスの維持やインフラの管理負担を誰がどのように担うのか。この問いは，地方だけに投げられたものではなく，地方か都市かという二項対立の議論で片づけられる問題でもない。なぜなら都市は地方に比べて人口が多いため，ある時点から急速に高齢者が増えていくからだ。何より，一部の人の負担や犠牲の上にしか成り立てない社会構造には，持続可能性が欠如していることを，私たちは戦後，学んだはずである。

　何を残し，何を減らしたりやめたりするのか。日本社会がこれから直面していく問題である。とりわけ後者はどのように合意していくのか。それは私たちがこれまで享受してきたサービスを受けられなくなり，諦めざるえないことへの合意を意味する。したがって，何を残すのかを決める合意に比べ，はるかに困難である。

　本書が大きな論点にしているのは，"何かを終えるための合意を誰がいかにして調達したか"についてである。これはいわば"撤退戦"であり，それがいかに実施されたかを考えることにつながる。本書はこの"撤退戦"にかかわった人たちが何を考え，議論し，決定し，行動したかを明らかにし，そこにおける民主主義とは何かを論じている。本書は，事業の終了プロセスを扱うが，終了そのものの政策的妥当性を問うてはいない。本書は政策的妥当性を検討するのではなく，その終了プロセスにおける意思決定や合意形成の難しさに焦点を当てている。また，終了という政策を選択しようとした人たちが，終了に何とか帰着できたという意味において，本書は，"撤退戦"を一定程度なしとげた事例群のものがたりである。一方，終了を試みた末，失敗し，終了しえなかった事例群のことは描いていない。

　"撤退戦"を行うにあたり，その方法についての明快な解は，現時点では存在していないと本書では考える。しかし，その方向性については示したつもりである。

はしがき

※本書に登場する組織の名称や人物の肩書等はいずれも当時のものとする。

　本書は，京都女子大学からの令和 6 年度の出版経費助成を受けて刊行されました。
京都女子大学の学術研究支援活動に心より感謝申し上げます。

2025年 1 月

戸田　香

目　次

はしがき

序　章　本書が明らかにしたいこと …………………………………………………… 1
　　第1節　私たちは政策終了について何を知っているのか　1
　　第2節　何を明らかにするのか　4
　　第3節　本研究の意義　6
　　第4節　本書の構成　7

第1章　政策終了をめぐってこれまで何が明らかになっているのか …… 12
　　第1節　政策・事業終了に関する先行研究　13
　　第2節　地方政治はこれまで何を主要テーマとしてきたか　18
　　第3節　地方政治の主要テーマを政策過程研究はどう捉えてきたか　19
　　第4節　残されている課題は何か　22

第2章　日本におけるダム事業をめぐる政策と改革 ………………………… 23
　　第1節　日本の河川政策の歴史的経緯　24
　　第2節　ダム事業をめぐる改革　34
　　第3節　ダムができるまで　49
　　第4節　まとめ　54

第3章　本研究における分析枠組み …………………………………………………… 56
　　第1節　本研究の問い　56
　　第2節　本研究の観察対象　67
　　第3節　本研究の議論の進め方　69

目 次

第4章　知事主導による終了事例 …………………………………78

第1節　鳥取県　79

第2節　滋賀県　87

第3節　知事主導の終了事例への観察から明らかになったこと　107

第5章　職員主導による終了事例 …………………………………109

第1節　岩手県　110

第2節　青森県　124

第3節　新潟県　143

第4節　職員主導の終了事例への観察から明らかになったこと　161

第6章　観察結果と22事例の比較分析による仮説の検証 ………………163

第1節　終了を主導したのは誰か　163

第2節　終了のプロセスはどのようなものか　166

第3節　終了のプロセスに影響を与えたものは何か　169

第4節　例外事例が意味するもの　182

第5節　相互参照　184

補　論　職員の行動の謎を解明する …………………………………185

終　章　"撤退戦の民主主義"とは何か …………………………………192

第1節　本研究の3つの問いへの答え　192

第2節　課題と含意　195

第3節　地方政府が撤退戦を引き受けるのはなぜか，また，"撤退戦
の民主主義"とは何か　200

初出一覧　203

あとがき　204

引用・参考文献　207

資　料　215

索　引　221

v

図目次

図序-1　政策終了研究と地方政治研究における本研究の位置づけ　7
図序-2　本書の構成　11
図1-1　地方政治研究と政策過程研究における本研究の位置づけ　21
図2-1　時期別にみる河川政策の政策過程における主要アクター　33
図2-2　都道府県における再評価の主な流れ　37
図2-3　河川法の考え方の変遷　39
図2-4　工事や計画実施までの主な流れ　40
図2-5　治水政策におけるダム事業の考え方　52
図2-6　ダムができるまで　54
図3-1　地方政治研究と政策過程研究における本研究の問いの位置づけ　66
図3-2　本研究における相互参照の考え方　66
図3-3　本研究の観察対象の考え方1（機能，組織，政策，プログラム）　68
図3-4　本研究の観察対象の考え方2（終了プロセスの期間）　69
図4-1-1　[鳥取県] 終了したダムの場所　79
図4-2-1　[滋賀県] 終了したダムの場所　88
図4-2-2　滋賀県が示した芹谷ダムの治水安全度の考え方1
　　　　　（ダムを先行させた場合）　95
図4-2-3　滋賀県が示した芹谷ダムの治水安全度の考え方2
　　　　　（河川改修を先行させた場合）　95
図4-2-4　滋賀県が示した北川第1・第2ダムの治水安全度の考え方　99
図4-2-5　滋賀県の組織図1（流域治水政策室）　103
図4-2-6　滋賀県の組織図2（流域政策局）　103
図5-1-1　[岩手県] 終了したダムの場所　111
図5-2-1　[青森県] 終了したダムの場所　125
図5-3-1　[新潟県] 終了したダムの場所　144

表目次

表2-1	河川の種類とそれぞれの管理者 27
表2-2	「ダム審」の結果 42
表2-3	「総点検」の結果 43
表2-4	「与党3党の見直し」の結果 47
表2-5	「民主党政権下のダム事業の検証」の結果 48
表3-1	終了プロセスの類型1（アクターの広がり） 59
表3-2	終了プロセスの類型2（期間） 60
表3-3	終了プロセスの4類型 61
表3-4	都道府県の主なダム事業終了事例一覧 73
表4-1-1	［鳥取県］終了したダム事業 79
表4-1-2	中部ダムの進捗 83
表4-1-3	中部ダムの終了の経緯 86
表4-1-4	［鳥取県］終了プロセスの類型 87
表4-1-5	［鳥取県］終了プロセスに影響を与える可能性がある要因の状況 87
表4-2-1	［滋賀県］終了したダム事業 88
表4-2-2	芹谷ダムの進捗 92
表4-2-3	芹谷ダムの終了の経緯 97
表4-2-4	北川第1・第2ダムの進捗 100
表4-2-5	北川第1・第2ダムの終了の経緯 101
表4-2-6	［滋賀県］終了プロセスの類型 107
表4-2-7	［滋賀県］終了プロセスに影響を与える可能性がある要因の状況 107
表5-1-1	［岩手県］終了したダム事業 111
表5-1-2	明戸，日野沢ダムの進捗 114
表5-1-3	明戸，日野沢ダムの終了の経緯 115
表5-1-4	黒沢，北本内ダムの進捗 118
表5-1-5	黒沢ダムの終了の経緯 118
表5-1-6	北本内ダムの終了の経緯 118
表5-1-7	津付ダムの進捗 121
表5-1-8	津付ダムの終了の経緯 122
表5-1-9	［岩手県］終了プロセスの類型 123
表5-1-10	［岩手県］終了プロセスに影響を与える可能性がある要因の状況 123
表5-2-1	［青森県］終了したダム事業 125
表5-2-2	磯崎ダムの進捗 130

表5-2-3　磯崎ダムの終了の経緯　130

表5-2-4　中村ダムの進捗　132

表5-2-5　中村ダムの終了の経緯　132

表5-2-6　大和沢ダムの進捗　135

表5-2-7　大和沢ダムの終了の経緯　135

表5-2-8　奥戸ダムの進捗　139

表5-2-9　奥戸ダムの終了の経緯　140

表5-2-10　[青森県] 終了プロセスの類型　141

表5-2-11　[青森県] 終了プロセスに影響を与える可能性がある要因の状況　141

表5-3-1　[新潟県] 終了したダム事業　144

表5-3-2　芋川ダムの進捗　146

表5-3-3　芋川ダムの終了の経緯　146

表5-3-4　中野川，正善寺，羽茂川ダムの進捗　149

表5-3-5　中野川，正善寺，羽茂川ダムの終了の経緯　149

表5-3-6　入川，三用川ダムの進捗　152

表5-3-7　入川，三用川ダムの終了の経緯　153

表5-3-8　佐梨川ダムの進捗　154

表5-3-9　佐梨川ダムの終了の経緯　154

表5-3-10　常浪川，晒川ダムの進捗　158

表5-3-11　常浪川，晒川ダムの終了の経緯　158

表5-3-12　[新潟県] 終了プロセスの類型　159

表5-3-13　[新潟県] 終了プロセスに影響を与える可能性がある要因の状況　160

表6-1　　　終了を主導したのは誰か　165

表6-2　　　終了プロセスはどのようなものか　168

表6-3-1　終了主導者と終了プロセスとの関係　170

表6-3-2　国の影響と終了プロセスとの関係　172

表6-3-3　反対アクターと終了プロセスとの関係　174

表6-3-4　進捗と終了プロセスとの関係　175

表6-3-5　分権進展と終了プロセスとの関係　177

表6-3-6　5つの要因候補からみた終了プロセスとの関係　177

表6-3-7　5つの要因候補からみた仮説の支持・不支持事例数(交互作用検討前と後の比較)　179

表6-3-8　5つの要因候補からみた終了プロセスとの関係 (交互作用検討後)　180

表6-3-9　5つの要因候補の組み合わせと終了プロセスとの関係　181

表補-1　　職員が住民の意見を聴取した理由　190

表終-1　　地方政府の国への応答内容と該当する事例　198

序　章　本書が明らかにしたいこと

第1節　私たちは政策終了について何を知っているのか

　政策はいかにして終了していくのか。ある事業はどのような経路をたどって終わるのか。これが本書のテーマである。政策や事業が終了するのは，それら一定の目的を達成し，不要になったという場合もあるだろうし，一方で，目的を達成はしていないにもかかわらず，何らかの事情で終了することもあるだろう。例えば，コストや時間が当初の想定より増えたり，政治的に不要だと判断されたりして終了するケースもあるかもしれない。これらを全て含めて本稿においては政策終了と考える。

　「いったん始まった政策は終わらない」といわれることは多い。現代の日本においても，政策や事業の終了として思い浮かぶ事例はそう多くはない。しかし，すべてが終了しないわけではない。たとえば1つの例として，1996年に廃止されたらい予防法があげられる。らい予防法に基づくハンセン病患者の強制隔離を含んだ一連の医療・福祉政策は，1960年以降は違憲と司法から認定され，終了した。らい予防法は，しかるべきタイミングで廃止されず，終わるべき政策も終わらなかったため，結果として，患者やすでに治癒した人たちは勿論のこと，その家族や友人をはじめとする大勢の人たちに，深刻な被害をもたらした。らい予防法はなぜ終わらなかったのかという検証が，その後多く重ねられた［大谷，1996］［熊本日日新聞社編，2004］。

　民主党政権は発足後，八ッ場ダム事業の中止を発表した。この発表をめぐっては建設予定地や共同事業者の流域6都県から中止反対の声があがる一方，改めて建設反対の意見を複数の団体が発表するなど，事業の継続か終了をめぐって混乱が長引き，2011年に結局，事業再開が決定した。大型の建設事業を途中

　1）　朝日新聞，2001年5月11日（夕刊）。

で終了することの難しさが顕在化した事例と言える。

　これらにみられるように，ある政策や事業が開始されれば，利害関係者が生まれる[5]。終了するにはこういった関係者の合意調達が必要となるので，容易ではない。加えて，政策の継続性の面からも，終了と再開を繰り返すのは難しいため，終了判断には慎重にならざるをえない。仮に終了するとしても，終了後，政策の対象者や関係者に何らかのケアが必要になる場合もあり，継続した時のコストや効果と比較することも必要になる。また，終了する場合は，その政策を立案した担当者の先見の明が不十分だったという批判が起きるかもしれない。

　こういったことを考えると，次のような姿が浮かぶだろう。政策や事業の終了がいったんアジェンダに乗ると，それに反対したり賛成したりするさまざまなアクターが入り乱れて意思表示をし，議論し，場合によっては決定過程に強く関与してくる。その結果，対立や紛争が起きて騒動になり，盛んに報道される。

　しかし，それが政策や事業終了の全てだろうか。報道される内容は，終了の一面をものがたりはするが，全体像を示しているのだろうか。終了という氷山のいわば水面下の部分，つまり，政治的なアジェンダに乗ることもなく，静かに終了していく場合はないのだろうか。終了には紛争が伴うというイメージは盛んに報道されることなどで，想起されてきたものではないだろうか。

　終了をめぐる問題は，らい予防法や八ッ場ダムの事例をみてもわかるよう

　2）　朝日新聞，2020年3月27日。1947年のカスリーン台風で利根川が決壊し，死者約1,100人の被害が出たことを契機に群馬県に計画された。2020年に運用開始。総事業費5,320億円。

　　　なお，本書では政策や事業の終了を取り上げるが，行政機関は，事業評価の際に「中止」という語句を用いる。そのため，行政機関が発表した内容を直接引用する場合は中止と記載する。語句の定義については第3章で記述する。それ以外は本書では，基本的に「終了」という語句を使う。

　3）　同上，2009年10月19日。

　4）　同上，2011年12月23日。

　5）　「政策」「事業」という語句の使い方については，本書はdeLeonの定義に依拠し，終了の概念を機能，組織，政策，プログラムと分けて検討する［deLeon, 1978］。詳細は第1章で示す。

に，いったん報道されると，社会の大きな関心を集めることが多い。しかし，
私たちは何を知っているのだろうか。政策や事業を終えるための条件は何か，
終えるという行為はどのように進行していくのか，終了は何をもたらすのかな
どは十分わかっていない。終了に帰着するためのプロセスを進める仕組みや構
造も解明されていない。それゆえ，「いったん始まった政策は終わらない」と
いうようなシンプルな言葉でくくられ，議論がそこで終わっているように見受
けられる。こういった状況を少しでも解消するため，本書では，終了という営
為の全体像を可能な限り明らかにしたい。

　日本は人口が縮小基調にある。この縮小基調はこれからも加速して進む可能
性が高い。一方，中央・地方政府とも財政資源の厳しい制約に直面している。
こういった環境の中，中央・地方政府ともに，これまでと同じ内容の政策や事
業を今後も形成し，執行していくことができるとは想定しにくい。政策領域に
よっては，政策や事業の対象者，サービスの受給者は減っていくだろう。予算
も減っていくだろう。一方，これまで続いてきた政策を止めて，新しい政策を
スタートさせなくてはならないかもしれない。止めた事業で浮いた予算を別の
事業に振り向ける必要があるかもしれない。

　縮小する社会や都市を対象に現状を捉え，今後を考える研究は近年，蓄積が
進んできた（例えば［矢作，2014］［饗庭，2015］［加茂・徳久編，2016］［広井，2019］
［堀田・林編，2024］など多数）。もちろん，農山村を対象とした実践の分析や今後
への提案もある（例えば［林・齊藤，2010］［小田切，2014］［林，2024］［飯國・上
神，2024］など多数）。こういった研究や調査，提案には共通する特徴がある。
それは，縮小社会において必要な政策は何か，何を進めて，何を諦めるのか，
を検討している。本書が目的とする終了のメカニズムの解明は，こういった縮
小社会における政策をめぐる議論に必要な材料を提起することにつながると考
えている。

　今後，中央・地方政府が何らかの事業を終了しなくてはならない状況に直面
した時，これまで終了した事例が少ないと，過去を参照することはそう容易で
はない。仮に誰かが終了を検討した場合でも，いかなる方法で議論を進めれば
いいのか，社会で合意された形はなく，ほとんどの人がよくわからない状態に
ある。こういった漠然とした状況では，政策決定者も終了をやみくもに回避し

たり，逆に力ずくで終了したりすることも招きかねない。また人々が終了という営為を適切に捉えることができないと，行政や政治への不信にもつながっていくかもしれない。終了に際しては，終わり方も含めて一定の議論が必要である。これが政策終了の重要性に筆者が着目した大きな理由となる。

　本書はタイトルを『撤退戦の民主主義：ダム事業の終了プロセスにみる地方政府の政策選択』とした。タイトルに沿って言えば，本書は，事業終了のプロセスを「撤退戦」だと考えている。限られた時間とコストでいかに民主的に終了させ，社会に与えるダメージを小さくし，やや矛盾する言い方になるが，終了を積極的に将来に寄与する形にするかが，撤退戦の焦点になる。「撤退」とは，軍隊では，勝算なきものとみて，ある部隊が特定の陣地などを捨てて，後退することを指し，企業では，不採算などを理由に特定の事業を止めることを言う。政治や行政の領域では，撤退とは何か。撤退の民主的な方法や戦略はいかなるものかは十分明らかになっておらず，これを議論することは，終了という営為を決める過程において，いかなる民主主義が存在するかを検討することにつながり，縮小社会の存立に寄与すると考えている。

第2節　何を明らかにするのか

　本書では，政策を終了するとはいかなる営為なのか，終了するにあたっての民主的なプロセスはいかなるものかを解明することを目指す。

　近代以降，官僚や政治家が果たすべきと考えられてきた大きな職務の1つは，新たな政策を立案し，執行することにあった。政策終了は，こういった一連の営為のいわば逆方向に進行するものであり，大きな称賛を浴びることではない。想定も十分にされていなかったであろう。そんな中，誰がどのような目的でいかなる経路を経て政策終了を行うのか。つまり，なぜ撤退戦を行うのかという点は明らかにされていない。「政策を終了するのは財政難だから」「事業を終了するのは反対者が多いから」という答えだけでは十分ではない。仮に財政難であったとしても，反対者が多かったとしても，それらがいかなる経路をもって政策終了に帰着していくのかの解明が必要なのである。

　もう1つ重要だと考えることは，逆説的ではあるが，撤退戦とは撤退するこ

とを通じて，何かを逃がしたり守ったりしているのではないかということである。終了という営為は何を守っているのだろうか。この守っているものが何かを明らかにすることも本書のもう1つの目指すところである。

本書でダム事業を観察する理由を述べる。詳細は第1章で後述するが，終了という営為の定義が難しい中，ダム事業の終了は，「質」と「量」双方の観点から観察によって把握が容易である。質は事業内容で，量は事例数である。ダム事業は行政の「計画」に基づいて行われるため，河川法に基づいた「河川整備計画」にその内容が記載され，終了した場合，その記載は基本的に消滅する。さらにダム事業は中央地方問わず事業評価の対象となるため，事業採択後一定期間が経過した段階で，必要性が改めて議論される。この議論を受けて政策決定者は「継続」または「中止」を決める。終了に至るまでの手続きも明確化されている。つまり終了数のカウントも事業内容が消滅したかどうかも把握しやすい。

次に，地方政府の事業終了を観察する理由を述べる。これは複数の地方政府，複数の事業の比較が可能であるためである。中央政府の事業終了を観察した場合は，中央政府は単一であるため，政府間の事例比較はできない。そのため終了のプロセスを幅広く観察し，比較するためには地方政府の事業を対象にした方が適している。また，本書は，政策終了と地方政治を包括的に捉えることも目的にしたい。政策終了をテーマにした研究では，中央地方の政府間関係を問う内容は豊富ではない。しかし，都道府県営ダム事業のほとんどは，財源の面からみると，費用の約半分を中央政府からの補助金で賄っており，人材の面からみても，建設省の時代から中央政府の技術官僚が，地方政府の河川政策を担当する部署に継続的に出向していた歴史的経緯がある［藤田，2008］［稲継，2000］。都道府県営ダム事業は，財源と人材双方で中央政府との結びつきが密接にある政策領域にあり，中央政府からの独立性が低い。こういった領域で中央地方の政府間関係がどのようになっているのかも検討する。

なお，本書では，都道府県を，個別事例としてではなく，汎用性が高い事項として論じる場合，地方政府と記述する理由を述べる。詳細は第1・3章で検

6）計画は「政策形成過程に頻繁に登場する規範形式」［西尾，1990：189-249］と位置付けられている。

討するが，本書は1997年以降を主に観察対象とし，この時期は分権の進展に伴い，都道府県が政策選択において，これまでより主体的な役割を担うようになり，中央政府との関係も対等になってきていると筆者が考えているためである。

第3節　本研究の意義

　本研究の課題は，終了のメカニズムを解明することを通じて，地方政治での政策選択の理由を説明していくことである。本研究に取り組む意義は大きくは2点存在すると考えている。

　1点目は，政策終了研究という領域における貢献である。政策や事業終了をテーマにした研究は非常に少ない。海外では1970年代から論文が発表され出したが，国内では1990年代以降で，絶対数が少ない。研究の数が少なかったのは対象となる終了事例が少なかったことがある [deleon, 1978]。少ない中でも中心になったのは，終了を促進あるいは阻害する要因は何かという問いであった。本書は終わったか終わらなかったの検討を主眼には置いていない。終了の政策的妥当性も射程とはしていない。本書の目的は終了のプロセス，つまりある事業が何らかの理由で終了の検討が開始され，何らかのアクターらで議論が行われ，終了が決定され，その影響は社会に何をもたらしたのかという過程の解明である。これを明らかにした研究は数が少ない。

　2点目は，1990年代以降進む日本の地方政治研究にも貢献したいと考えている。地方政治研究はこれまで中央政府との比較において「政策決定に影響力を持つのは誰か」「政策決定のプロセスはどのようなものか」をテーマに中央政府と地方政府間の比較，中央官僚と地方官僚の比較，中央の政治家と地方の政治家の比較に加えて，二元代表制に伴う知事と議会の比較研究が進展してきた。最近では「地方政府はなぜこの政策を選ぶのか」という結果の理由を問うテーマが発展してきていて，多くの研究がその答えとして党派的な要因と制度的な要因を論じた。本書は，事業終了のプロセスを地方政府の政策選択の結果と捉え，これまで地方政治で着目されてきたいくつかの要因の組み合わせで説明することを試みる。これまでの地方政治研究は政策選択の結果の理由を明らかにするにあたり，独立変数となる要因を絞り，定量的な方法で解明するもの

序　章　本書が明らかにしたいこと

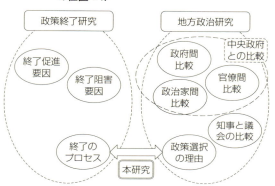

図序-1　政策終了研究と地方政治研究における本研究の位置づけ

が多かった。個々の独立変数の関係性と政策選択のプロセスに着目してきた研究は多くはない。しかし，そこでは，全ての要因が検討されたのだろうか。また，要因間の関係性は着目されたのだろうか。本書はこれらの課題に取り組むことで地方政治研究の蓄積に寄与したい。

　これらを通じて，本書は政策終了研究と地方政治研究という2つの分野の架橋を目指す。政策終了研究と地方政治研究のおける本研究の位置づけを図序-1で示す。

第4節　本書の構成

　本書の流れを述べる。本研究は，地方政府における事業終了を地方政治と関連づけて議論することが目的であるため，第1章では，政策終了研究と地方政治研究の双方を検討し，これまで何が明らかになっていて，何が明らかになっていないのかを確認する。続いて，政策過程研究ではこれまでどのような論点が議論されてきたかを検討する。終了プロセスも政策過程の1つと考えると，論点の見落としがないかも確認するためである。

　検討の結果，政策終了研究では，終了するか否かを規定する要因の探求がほとんどで，そのプロセスは十分明らかになっておらず，地方政治研究では，政策選択の理由を問う研究が蓄積されてきたが，選択の理由を制度や党派的要因

7

から説明するものが多く，それ以外からのアプローチが少ないことや地方政治で起きた個別の現象にはまだ十分な関心が払われてこなかったことも論じる。また，政策過程研究での主な論点は，地方政治研究とほぼ共通してきたことも確認し，残されてきた課題は，個別の現象の観察を通じて，地方政策の政策選択の理由を複数の要因の組み合わせから明らかにすることであると示す。

第2章では，日本のダム事業をめぐる政策の流れと改革について検討する。第1章の理論に対する実態を示す。ここでは，本書で明らかにしたいことが，実際の河川政策の中でどのような位置づけにあるのかを確認する。河川政策に大きな変動が起きた1990年代後半以降が，地方政治に変動が起きた時期とほぼ合致し，ダム事業の終了もその影響を受けたことを示す。また，河川政策は決定過程が集権的で，地方政府からみて中央政府からの独立性が低い特徴を持つことを論じ，官僚，特に技術官僚が大きな影響力を持ってきたことを示す。その帰結として政策決定過程における住民参加の範疇が狭いという特徴を持つことを確認する。こういった課題を克服するために国の制度変更や公共事業改革が行われ，それらはいずれも政治主導で実施されていた。改革はいずれもダム事業の終了促進要因にはなったが，地方政府に全国一律の基準を示した段階までにとどまり，実際の終了プロセスの選択や検討の具体的な内容はほぼ地方政府に任されていた。

第3章では，ここまでの検討を踏まえて，残されてきた問いを確認し，本書における3つの問いを示す。問い1は「終了を主導したのは誰か」，問い2は「終了のプロセスはどのようなものか」，問い3は「終了のプロセスに影響を与えたものは何か」と設定する。問い1はWHOを問い，問い2はHOWを問う。問い3はWHYを問う。また問い1と問い2は，事実がどうなっているのかその実態を明らかにするもので，問い3は，問い1と問い2で明らかになった実態は，いかなる要因によって生じているのかを比較し説明するためのものである。

本書では問い1の終了主導者を検討する際，知事，都道府県職員を中心に議会，住民など想定されるアクターを幅広く検討する。次に問い2では終了のプロセスを検討する際，「アクターの広がり」と「期間」という2本の軸を用いて説明を試みることを先行研究等から説明する。問い3のプロセスに影響を与

えた要因の候補として「終了主導者」,「国からの影響」,「終了反対アクター」,「進捗」,「分権の進展」の計 5 つを提示し,検証を行うことを示す。いずれの要因も政策終了や地方政治,政策過程研究において,これまで政策選択の理由として指摘されてきたものから抽出した。それぞれの仮説も導出した。

さらに本書の議論の進め方も示し,研究は事例観察と比較分析を組み合わせた定性的手法をとることを示す。定性的手法は複数の要因の組み合わせから結果がなぜこうなったのかの理由を説明するのに適している [Goertz & Mahoney, 2012=2015]。問い 1 と問い 2 への答えは事例観察による実態の解明から行い,問い 3 への答えは,問い 1 と問い 2 への答えで明らかになった実態の比較分析による説明を用いると示す。

本書の観察対象は個別のダム事業の終了であるが,それを都道府県ごとに抽出して,共通点や相違点があるか比較を行う。事例選択については,まず,全国の都道府県で終了したダム事業全体を概観し,本書の問いに沿って,事例を選択する。事例は,青森,岩手,新潟,滋賀,鳥取,の 5 県とし,各県で終了した全事例計22事例を検討する。

第 4 章と第 5 章の課題は事例観察である。第 2 章で述べた改革のバトンを中央政府から渡されて以降,地方政府が実際に何を行ったかを明らかにする。県が公開した資料,事業評価委員会での議事録などを参考にした上で,各都道府県の担当者らにヒアリングを行った。各章は明らかになった終了主導者ごとに分けて論じた。理由は,問い 1 の解答で明らかになった「終了主導者」が,問い 2 と問い 3 の答えに関連してくる可能性があると考えたためである。

第 4 章は知事が主導した事例,第 5 章は県職員が主導した事例を検討した。終了主導者が同一の場合,地方政府が異なっていても共通する特徴があった。同一地方政府内で複数の終了事例があった場合,事例ごとに主導者が異なる場合はなかったため,地方政府ごとに節を分けた。知事が主導したのは滋賀,鳥取であり,職員が主導したのは新潟,岩手,青森であった。これまでの政策終了研究では,終了促進要因として政治的要因が多くあげられていたが,本書では事例調査の中で職員主導事例の存在を見出した。

知事が主導した理由は政策選好によるもので,知事は終了のプロセスにも直接関与し,人事,財源,組織編成に変更を加えた事例も存在した。一方,職員

主導事例は，いずれも知事はダム事業終了に強い政策選好を持っていたわけではなかったが，財政規律の保持を指向し，それが職員らに十分浸透したことで醸成された"庁内の雰囲気"などが終了促進要因になったことを示す。また職員主導の場合は，最初の終了事例はほぼ地方政府の財政状況の悪化に伴う政策転換や事業の課題解決を機に起きていたこともわかった。とりわけ岩手と青森での政策転換の時期はおおむね知事交代の時期と一致していた。河川政策の変動が地方政治の変動に影響を受けていることを導いた第2章の見解が，ここでは具体的な終了事例の観察でも裏付けられていることを示す。

　第6章は，ここまでの議論を踏まえて観察結果を比較検討し，問いに沿って検討結果を示した。終了を主導するのは知事か県職員であった。それ以外のアクターが主導した事例はなく，その理由の考察も行った。終了プロセスはヴァリエーションに富んでいるが，一定の規則性があるというものである。その規則性とは，終了プロセスは，プロセスへの参画アクターに住民が存在していないと1年以内で完了し，住民が参画すると1年以上を要するということであった。しかし，例外事例も多く，この結果からは終了プロセスは十分合理的ではなかったと推察できる。また，1年以内で粛々と終了していく事例が観察事例の半数を占めていたという結果からは，終了がアジェンダにあがると紛争が起き，そのプロセスは混乱し，長期化していくという一般的なイメージとは，実態は異なることもわかった。最後に，終了プロセスに影響を与えると想定された5つの要因のうち，「主導者」「分権の進展」の2つが一定の影響を与えていたことを示す。具体的には主導者が知事であると，終了プロセスには住民を参画させ，プロセスは1年以上を要するケースが多い。県職員の場合は，住民を参画させず，1年以内で終了していくことケースが多い。また，分権進展前に終了検討が開始された場合は，住民の参画はなく，1年以内で終わり，分権進展後に終了検討が開始された場合は，住民が参画し，プロセスは1年以上の長期間を要するケースが多いことがわかった。

　「国からの影響」「反対アクター」「進捗」は，終了の促進や阻害には影響を与えていたが，終了プロセスには強い影響を与えてはいなかった。要因間の交互作用の検討を行った後でもこの結果は大きくは変わらなかった。一方，上記終了プロセスの類型に属さないいわば例外事例の多くで，「国からの影響」に

序　章　本書が明らかにしたいこと

図序-2　本書の構成

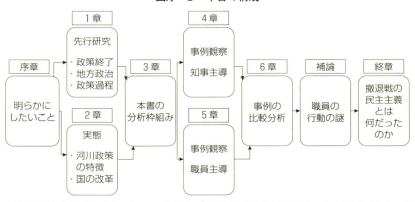

出典：筆者作成（なお，本書において，出典等の注記事項の記載がない図表は，全て筆者作成のものである）。

対して地方政府の多様な対応が発生していて，これが終了プロセスに一定の影響を与えていたこともわかった。

　補論では，本書の問いでは設定していなかったが，調査を進める上で出てきた2つの謎の解明に取り組む。1点目は，職員主導事例が一定数存在していることがわかったことに起因する。これまでの官僚の行動様式の説明では，官僚は，自らが所属する組織の拡大や利益を追求する（例えば［Niskanen, 1971］他多数）とされてきたにもかかわらず，本書に登場する職員らは自らの部署がこれまで行ってきた業務のいわば否定や部署の予算削減につながりかねない終了という政策選択をなぜ行ったのか，という点である。2点目は，職員は終了プロセスを進めるにあたり，なぜ住民の意見を聴取したのか，という点である。職員は，終了への合意調達アクターが増えていくと，プロセスに時間を要することをあらかじめ想定可能であったはずである。では，なぜ困難が予想されることを率先して行ったのかという疑問への回答にチャレンジする。

　終章は本書の3つの問いへの答えを示し，課題と含意を検討する。最後に地方政府が撤退戦を引き受ける理由と，終了プロセスという撤退戦に存在する民主主義とはいかなるものかという疑問への本書の答えも示す。

　本書の進め方を図示しておくと，図序-2の通りである。

11

第1章　政策終了をめぐって
これまで何が明らかになっているのか

　本書の目的は，1つの事業が終わる際，いかなるプロセスを経るのかを明らかにすることである。本章ではこの目的を達成するために，政策終了研究，地方政治研究，および両者に関連した政治学の主に政策過程研究の領域において，これまで何が問われて，何が明らかになってきたのか，その上で何が明らかになっていないのかを確認する。その上で，本書の分析枠組みを検討していく。

　第1節では，これまでの政策や事業終了をテーマとした先行研究を検討する。政策や事業の終了を検討するにあたっては，まずは終了の定義の確認が必要となる。その上で終了を従属変数に置いたもの，次に終了を独立変数に置いたものを検討する。政策終了研究は海外での研究が先行したため，まずは海外研究を概観し，次に国内研究を検討する。ここで明らかになるのは，これまで主に問われてきたのは「政策が終了するのか，しないのか」「終了を促す（あるいは阻害する）要因は何か」という問いであったということである。つまり，「終了」を従属変数に置き，それを規定する要因を探求するものが多かった。一方，「終了」を独立変数に置き，その帰結を明らかにする観察はほとんどみられなかった。また，終了する際のプロセスについての分析もほとんど行われてこなかった。

　第2節では，主に地方政治に関する先行研究を検討する。本書は政策終了の中の主に事業終了のプロセスを地方政府の政策選択の結果と考え，地方政治の領域に位置づけ直すことを示す。これまでの地方政治研究で論じられてきたことを，曽我と待鳥の整理［曽我・待鳥，2007：23-29］に基づき改めて検討すると，大きな論点は「中央地方政府間比較」「中央地方官僚比較」「中央地方政治家比較」「知事議会比較」の4つに加えて，「政策選択の理由」の計5つであると論じる。これらは3つのテーマに抱合されると示す。それは「政策決定に影響力を持つのは誰か」「政策決定のプロセスはどのようなものか」「なぜこの政策は選択されたのか」である。

第1章　政策終了をめぐってこれまで何が明らかになっているのか

　第3節では，上記3つのテーマが，関連する政策過程の領域では，これまでどのように議論されてきたかを示す。政策終了と地方政治を関連させた先行研究は数が少ないため，テーマや論点に見落としがないかも改めて確認した。

　第4節では，ここまでの検討を踏まえて，残されてきた論点を確認する。

第1節　政策・事業終了に関する先行研究

　政策終了に関する検討が始まったのは，1970年代のアメリカであった。そこでは，定義が論じられ，終了促進や終了阻害要因が探求されていった。2000年代になると，政策終了を政策過程の1段階と位置づける研究も登場した。一方，国内では1990年代ごろから本格的に行われるようになる。詳細をみてみよう。

1　政策・事業終了の定義

　まず，政策・事業終了に関する研究は絶対数が多くないことを示しておきたい。政策・事業終了に関する研究は1970年代から主にアメリカなどで登場し，これまで「不当に無視されてきた研究課題」[Biller, 1976：133-136] と指摘された。研究数が増えない理由について，deLeon は，終了という言葉は政策の失敗と結びつけられやすく否定的な意味を持つことや，事例数が少なく一般化も難しく，また政策が部分的に終了したりする場合は，どの時点が終了かわかりにくく，分析が難しいと指摘した [deLeon, 1978]。

　「わかりにくさ」は，終了の定義の問題と関連する。この定義をめぐっては複数の研究が答えを出そうと試みてきた。Bardach は，いくつかの段階を経て少しずつ政策が終了していく場合と，あるタイミングで全てが終了してしまう場合があると考えた [Bardach, 1976]。また政策終了を政策過程の最終段階だと位置づけ，時間の経過とともに，問題が確認され，解決へのコストや利益の比較が行われ，政策が選択，実施され，評価が行われ，その後，一部の政策は終了となると示した [Brewer, 1974] [Hogwood & Peters, 1982]。deLeon は，政策終了をある政府の機能，組織，政策，プログラムが廃止されることとした [deLeon, 1978]。また Hogwood らは，代替となる政策などが用意されることなく，

13

既存の政策やプログラム，組織が廃止されることが終了だと示した［Hogwood & Peters, 1982］。

2 政策・事業終了を従属変数として捉えたもの
1) 海外の主な先行研究から

deLeon は，終了阻害要因として次のものを挙げている［deLeon, 1978］。①政策形成にかかわった官僚などが自らの仕事が有効でなくなったと認めたがらない心理的な抵抗，②制度は安定性を持って永く続く特徴を持つため，終わりにくい，③組織は本来の目的を達成した後にも，別の目的を作り出し，組織を存続させる，④政策のサービス受給者などは当然，終了に反対し，⑤政策は法律に依拠しているため，法律が存続している限り終了は難しい，⑥これまでに費やした費用を回収できず無駄になってしまう，つまりサンクコスト問題もあり，これらが終了を阻むとした。Bardach は，deLeon が挙げた要因以外に，政治家は終了に伴う賛成アクターと反対アクターとの対立を忌避する上に，終了で失業者が発生すること恐れると指摘した［Bardach, 1976］。また，ハンセン病患者の隔離政策が必要以上に長く続けられてきた実態も同様の要因から説明されている［Frantz, 2002］。

一方，終了促進の理由にも政治的要因は着目されてきた。Bardach は執行部の交代が重要と示し［Bardach, 1976］，Lambright と Sapolsky も，アメリカの超音速旅客機を導入する政策を対象に，政治的アクターの関係性が変容したことが，航空機導入政策を終了させたと説明した［Lambright & Sapolsky, 1976：203-204］。政治的要因以外には，終了賛成派と反対派の力関係への検討や［Berry et al., 2010：4-5］予算の制約や政府の効率性［deLeon, 1983：634-635］への着目もある。また，プログラム，政策，組織，機能，の順に終了が難しい［deLeon, 1978：371］とされた。つまり具体的になるほど終了しやすく，概念に近づくほど終了が困難ということである。

Lewis は，アメリカの連邦政府の大統領制が組織廃止の意思決定に影響を与え，政権交代時に統一政府（議会が与党）であれば，廃止される可能性が高いと論じた［Lewis, 2002］。さらに，時間や可視化の程度にも着目され，新しい政策や市民にわかりやすく理解されやすい政策ほど終了しやすいと論じられた

第1章 政策終了をめぐってこれまで何が明らかになっているのか

[Kirkpatrick et al., 1999 : 217-218]。

さらに政策終了への着目ではないが，deLeon と同様の指摘として Pierson はいったん社会の仕組みができると，その仕組みは支持が拡大することで，長期に存続する傾向があるとして仕組みの終了が難しいと考えた [Pierson, 2004=2010]。Pierson は，政治システムにおける自己強化過程と正のフィードバック過程の力学を主張し，ひとたび，特定の経路が決まれば，自己強化過程から方向転換をすることは非常に難しくなると示した。

一方で，政策終了を政策形成過程でこれまで用いられてきたモデルで説明しようとする研究もあり，Geva-May は「政策の窓」モデルを政策終了の事例への援用を試みた [Geva-May, 2004]。「政策の窓」モデルでは，問題の流れ，政策案の流れ，政治の流れという3要素が揃った時に「政策の窓」が開き，政策変更の好機とされるが [Kingdom, 1995=2017]，Geva-May は政策終了の際も政策形成と同様に複数の要素が揃った時に，終了が促進されると考えた。

2） 国内の主な先行研究から

次に日本における政策・事業終了の先行研究を検討する。日本でも海外と同様に終了を従属変数として捉え，促進阻害要因を探る研究が多い。具体的にみていこう。

日本で政策終了の研究が本格的に始まったのは，1990年代以降のことであった（[岡本, 1996, 2003] など）。岡本の一連の論考は「政策終了」という概念を系統立てて示した国内初の本格的な論考であった。岡本は，政策終了は困難としつつも，国と地方の財政状況の悪化で事業の見直しが進み，分権の進展に伴い，中央政府で終了が進む可能性を指摘した [岡本, 2003：168-171]。また，研究への貢献の点から今後の課題を「規則性の発見と因果関係の究明」であるとし，政策が終了する場合には，何らかのパターンが見いだせるのか，あるいはそれぞれが「特異」パターンなのかは議論に決着がついていないとした。

山谷は，政策終了の定義について，海外の先行研究とは異なる見解を示した [山谷, 2012]。山谷は政策評価から終了に至るメカニズムは見当たらないとした。その理由として政策評価は官僚組織内部で行われるため，組織バイアスに影響され，終了を検討する場ではなく，教訓を得ることが主な目的であるため

と論じた。そのため，日本で起きた終了事例は，政策終了ではなく，政治家によってアドホックに行われたプロジェクト終了に過ぎないと山谷は指摘した。他にも新潟県佐渡市を事例に，政策終了は政策評価からの連続性はみられず，政策過程の1段階として終了を位置づけるのは難しい［南島，2024］という指摘もある。

　一方で，「規則性の発見と因果関係の究明」に挑んだ研究はその後，発展がみられた。そこで問われたのはやはり促進要因で，「終わった事例」を複数比較し，その共通項を探すものと「終わった事例」と「終わらなかった事例」を比較し，それを分けた原因を促進阻害要因から検討した論考が多い。例えば三田は，公共事業を対象に，終了を政治家の利益から説明した［三田，2010］。三田は事業終了を含んだ公共事業改革が起きた理由を，政治家が再選を図るという自らの利益に基づいたものだと考えた。また，帯谷は，宮城県の県営ダム事業を対象に，終了促進要因を，住民による反対運動の広がりと都道府県との関係の変容から説明した［帯谷，2004］。

　さらに，砂原は全国の都道府県ダム事業を対象に量的調査を行い，「終わった事例」と「終わらなかった事例」で比較し，二元代表制に着目し，知事と議会との関係や知事の支持基盤，時間などから説明した［砂原，2011］。具体的には，砂原は「議会で知事を支持しない勢力が大きいほど，ダム事業が廃止される確率が低くなる」，「政権交代で，あるダム事業を開始した時の知事と異なる支持基盤を持つ知事はそのダム事業を廃止する確率は高くなる」，「事業の開始から時間がたつにつれ，事業が廃止される確率は高まるが，ある時点を超えて存続する事業は逆に廃止される確率が低くなる」と指摘した。砂原も終了は政治的要因に規定される可能性が高いとしてこれまでの先行研究の議論を計量的に裏付けた。一方で事業規模や地方政府の財政力は廃止に影響を与えにくいと論じた。財政的要因については，必ずしも政策終了を促すとは言えないという指摘［岡本，2012］と，一定程度重要とする指摘［福井，2021］の両方があり，議論は決着していない。また終了決定時期が後にずれていく原因を検証した指摘もある［中村，2024：263-282］。政治的要因以外では，例えば，嘉田は滋賀県知事として「流域治水」というアイディアを県庁内外に展開し，その帰結としてダム事業の終了があったとした［嘉田，2003］。

第 1 章　政策終了をめぐってこれまで何が明らかになっているのか

　他方で，促進阻害要因以外の論点は少なく，終了決定過程に注目する研究は
管見の限り，非常に限られている。例えば宗前は「終わった事例」だけを比較
し，地域住民の反発が必至だった病院売却という選択肢がなぜ採用されたのか
に着目し，決着するまでのプロセスが福岡，沖縄，福島の 3 県を事例にそれぞ
れ異なることを明らかにした［宗前，2008］。柳もプロセスに着目し，政策終了
のプロセスを前決定過程と決定過程に分け，前決定過程において廃止が起きる
必要条件は社会経済状況の変化などの「外部環境の変動」であり，十分条件は
「政治状況」と「政策の性質」で，決定過程では「政策の存在理由の有無」が
十分条件とした。さらに廃止をアジェンダに挙げたアクターとして自治体職員
の存在を指摘した［柳，2018］。柳はプロセスに着目しながらも，明らかにした
のは「終わった事例」「終わらなかった事例」を分けたものは何かである。

小 括

　ここまで，国内外の政策終了をめぐる研究を確認してきた。要約すると，研
究の絶対数は少ないながらも，国内外問わず，終了を従属変数として捉えた研
究の比率が高く，その中でも終了促進や阻害要因を探求する内容がほとんどで
あった。多様な要因が提示され，議論はまだ決着していないが，政治的要因を
指摘するものが多い。一方，終了のプロセスを明らかにする研究は少なかっ
た。

　また終了を独立変数として捉え，その帰結を探る研究はほとんど見当たらな
かった。その理由はいくつか考えられる。例えば，いったんは射程には入った
ものの「終了」の帰結にインパクトがなかったため観察されなかった可能性も
ある。これらは終了事例が少ないこととも関連してくるが，例えば，終了に影
響力を持つアクターや政策の決め方の重要性がまだ十分顕在化していなかった
からではないかと考える。[1]ここまでを整理すると，政策終了研究の主なテーマ
は「政策終了に影響を与えるのは何か」が中心である。本書では「終わった事
例」と「終わらなかった事例」を比較し，その要因を探るのではなく，「終
わった事例」を複数比較し，そのプロセスに共通点はどこか相違点はどこかを

　1）　帰結を解明するという視点から検討すると，例えば，戦前戦後を連続しているか否
　　かを論じた辻や村松の研究がある［辻，1969］［村松，1981］。

17

明らかにすることに主眼を置く。

第2節　地方政治はこれまで何を主要テーマとしてきたか

　次に，地方政治を中心とした研究に視点を広げて，何が主要テーマとして議論されてきたのかを検討する。本書は地方政府における政策終了と地方政治研究と関連させて考えることを目的としているためである。曽我・待鳥は地方政治の研究を4つの論点に分けられると指摘した［曽我・待鳥，2007：23-29］。①制度的に地方政府に与えられている権限や財源は小さいかどうか。②地方政府の行政部門は中央官僚の強い影響下にあるかどうか。③地方政治家は中央の政治家との系列関係にあるかどうか。④首長と地方議会という2つの公選代表のうち，議会の影響力は小さいかどうか，であった。それぞれのカテゴリーで通説を乗り越える研究が重ねられてきた。

　曽我・待鳥らの指摘をもとに順にみていくと，①は，例えば村松は，自治体は，国への影響力を強めており，公選首長のもとで独自の立場を主張し，地元選出国会議員などの政治ルートも使うことで，独自の政策意図も実現していると主張した［村松，1988］。伊藤は，都道府県の政策形成過程が，国や他の都道府県への参照という行為で策定されると明らかにした［伊藤，2002，2006］。②は，稲継は中央政府からの地方政府への官僚の出向を事例に，地方政府はただ言われるがまま出向官僚を受け入れるということではなく，戦略的判断をもとに出向官僚を活用している実態を示した［稲継，2000］。

　③④では，辻は，とりわけ1990年代は自民党の推薦を受けずに当選した県では国政政党の影響力が浸透しない例が多くみられるようになったと分析し［辻，2015］，馬渡は，地方議員は首長の意向に反した行動を取ることが可能な環境にあり，政策的に影響力を及ぼした事例は一定数存在すると指摘するなど［馬渡，2010］地方議会が政策決定に与える影響の存在を明らかにした。

　これらに加えて，曽我・待鳥らは新たな論点として，地方政府の政治的要素の多様性と政策選択の関係性も考察した。曽我・待鳥は，二元代表制にある地方政治を政治過程と政策選択という観点から，戦後日本の地方自治に関する通時的分析を行い，1990年代までを中心に，政治変動と政策変化の間に因果連関

第 1 章　政策終了をめぐってこれまで何が明らかになっているのか

が存在することも明らかにした［曽我・待鳥, 2007］。また1990年代以降の分析
は砂原が行っていて, 砂原は財政資源の制約の中で, 地方政府が既存事業の廃
止・縮減や増税を含めた政策選択を二元代表制から説明した［砂原, 2011］。

　ここまでみてくると, 地方政治研究では, ①では中央 – 地方政府の比較で,
政策決定に影響力を持つのは誰か, を問うている。②は中央 – 地方官僚の比較
で, これも政策決定に影響力を持つのは誰か, を問うている。それに加えて,
地方政府における政策過程がいかなるものかも問うている。③は中央 – 地方政
治家の比較で, これも政策決定に影響力を持つのは誰か, を問うている。④は
二元代表制の比較で, 知事か議会か, これも政策決定に影響力を持つのは誰
か, を問うている。ここまでの確認では, 地方政治研究のテーマは整理すると
大きくは「政策決定影響力を持つのは誰か」「政策決定のプロセスはどのよう
なものか」「なぜこの政策は選択されたのか」の３つで, ここを射程に, 地方
政治研究で今も発展し続けている。

第３節　地方政治の主要テーマを政策過程研究はどう捉えてきたか

　次はこれら３つのテーマが地方政治のみならず, 政策終了研究と地方政治研
究の両者の関連において政治学の主に政策過程の領域でどう捉えられてきたの
か確認してみる。地方政治において終了を観察した研究は少ないため, テーマ
や論点の見落としがないか検討の範囲を広げて確認したい。

1　政策決定に影響力を持つのは誰か

　「政策決定に影響力を持つのは誰か」という問いはもちろん古くから重要な
問いと認識されていて「政策決定に関して, 政治家と官僚のいずれがより強い
影響力を持っているかという問いは, 政治過程論における重要な論点の１つ」
とされてきた［伊藤・田中・真渕, 2000］。曽我も政治と行政の関係を考える上
で,「民主的統制が実現されているのか」という問いが「政策形成において影
響力を持つのは誰か」という問いに変換されてきたと指摘する［曽我, 2013：20］。
　豊富な研究蓄積をざっと俯瞰すれば, 例えば, 古くは, 戦前戦後通じて政治
との関係において官僚は優位であるとする「官僚優位論」［辻, 1969］,「官僚優

位は55年体制のもとでは当てはまらない」とする「政党優位論」があり［村松，1981］，その後，村松は与党政治家と省庁官僚がスクラムを組み，均衡を維持してきたが，1990年代にそのスクラムは崩壊したと論じた［村松，2010］。

「政策決定に影響力を持つのは誰か」というテーマを探るために個別政策の政策過程を検討した研究も進んだ。山口は大蔵省に着目し，戦後日本の政官関係が「官僚優位」から「政党優位」に変化した過程を明らかにし，両者の機能的な分担関係をも示した［山口，1987］。加藤も大蔵省を対象に，官僚が政策に関する情報を与党内の政治家と共有することで政策帰結に影響を及ぼしたと論じた［加藤，1997］。牧原も大蔵省を対象に，官僚が政治に対して一枚岩でなかった実態を明らかにした［牧原，2003］。

一方，政官以外に利益団体が持つ影響力（例えば［辻中，1988］［久米，1998］）や市民が政治過程に参画していく過程を描いた研究（例えば［西尾，1975］）も豊富である。

2　政策決定のプロセスはどのようなものか

次は地方政治研究で論じられてきた「政策決定のプロセスはどのようなものか」というテーマは，政策過程研究でどのような蓄積があるのかを確認する。

政策形成にあたってはある課題を即解決することは難しいという前提から出発し，政策採用の際には合理的な選択は十分には行われず，既存の政策の修正や一部変更が少しずつ行われ，その時点で最適なものが選択される［Lindblom，1959］とした考察や，政策形成は課題，解決策，参加者などの諸要素が偶発的に結びついて決定される「ごみ箱」に似た状況で，見逃しや先送りが頻繁に行われ，極めて流動的で状況に左右されやすいという意見も示された［Cohen et al.，1972］。これらの研究に共通するのは，政策過程に合理性は十分でないということである。

一方，国内では，個別事例にもとに政策形成過程の検証を行う研究が蓄積された。官僚，政治家，市民，企業，労組などの関係性から政策過程を捉えた研究は豊富にあり（例えば［飯尾，1993］［武藤，1994，2008］［寄本，1998］［京，2011］，その後も官僚の意識調査は継続的に行われている［北村編，2022］），アイディアからの説明も試みられている［秋吉，2007］。斎藤は，インフラがもたらす利益に着

図 1-1　地方政治研究と政策過程研究における本研究の位置づけ

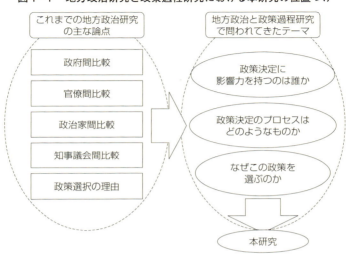

目し，「逆説明責任」という考え方で，自民党長期政権維持の理由を説明した[斉藤，2010]。手塚は，戦後日本の予防接種行政を素材として，非難回避戦略を取ることで政策が変容した過程を検討した[手塚，2010]。整理すると，これまでの政策過程研究では，アクター間の関係性，政治，利益，アイディア，戦略などから明らかにしようとした研究が多かった。

3　なぜこの政策は選択されたのか

最後に「なぜこの政策は選択されたのか」というテーマは政策選択の理由を探求する内容で，政策過程研究でも豊富な蓄積がある。代表的なものでは，例えば，省庁を支える機能や官僚の意識の変容からの説明[大嶽，1994][城山・鈴木・細野，1999][北村編，2022]，人材とアイディアの連続性からの説明[佐々

2） 斉藤は，ダム事業を高速道路と比較し，高速道路は着工までは利害団体を機能させることができるが，いったん開通してしまえば，誰がどの政党を支持したとしても，全ての人が高速道路を利用できることから経済効果は消えないとし，一方，ダム事業や干拓事業など目に見える経済効果を伴わず，事業予算の消化を自己目的化したような土木事業は，票田を維持することが可能な利益誘導政策であるとした[斉藤，2010]。

田，2011]，政治アクターの認識と行動からの説明［上川，2005］［Calder, 1988=
1989]，政党と省庁の関係からの説明［戸矢，2003］などがある。

　ここまでの議論では，地方政治研究で着目されてきたテーマは政策過程研究
でも重要なテーマとして長く議論が続き，重要な論点であることが改めて確認
された。ここまでの考え方を図 1 - 1 に整理した。

第 4 節　残されている課題は何か

　ここまでの議論を踏まえて，本節では残されている課題を改めて整理する。
政策終了の分野では，「政策終了に影響を与えるのは何か」以外の研究はほと
んど行われていない。地方政治研究と政策過程研究の分野で研究が進む「政策
決定のプロセスはどのようなものか」「なぜこの政策は選択されたのか」に該
当する研究は管見の限りではほぼ見当たらなかった。

　地方政治研究の分野においては，これまでの通説を超える研究が進み，制度
的に地方政府に与えられている権限や財源は一定の大きさがあり，地方政府の
官僚や議員は中央政府の官僚や議員から自律的で，地方政府の二元代表制から
考えても相互に自立的で影響を与えていることが示されている。政策選択の理
由も党派的要因と制度的要因が示されている。

　しかしここで疑問が残る。まず，地方政治研究において，政策選択の理由
は，党派的要因と制度的要因のみなのだろうか。筆者は他にもまだ検討の余地
がある要因は残されていると考えている。また，複数の要因を組み合わせての
検討もまだまだこれからである。これはこれまでの地方政治研究が，一般的な
傾向に強い関心を示してきており，個別事例の観察の蓄積はまだ始まったばか
り（例えば［辻，2013]）であることが理由かもしれない。筆者はここに挑戦し
たい。次に，地方政府の政策選択におけるプロセスの解明も十分ではない。こ
れは先の「政策決定のプロセスはどのようなものか」というテーマが該当す
る。政策終了のプロセスが解明されていないことはこれまで繰り返し述べてき
た。政策終了研究の分野において，本書は個別事例の終了プロセスに着目した
い。本書は政策終了研究や地方政治研究のいわば空白部分の蓄積に貢献するこ
とを目指したい。

第2章　日本における
ダム事業をめぐる政策と改革

　本章では，まず，本研究が対象とする都道府県のダム事業および河川政策を
めぐって近代以降の大きな流れを，関連するアクターを中心に検討する。次に
ダム事業および河川政策の決定過程，さらにこれまでに行われたダム事業をめ
ぐる改革の内容を論じる。本章は一連の概要を把握することで，第1章で示し
たこれまでの政策終了研究や地方政治研究において残されてきた課題が，実際
の河川政策でいかなる位置づけにあるのか，およびそこで本書は何を解明すべ
きかの検討につなげることを目的とする。

　第1節と第2節では，近代日本の河川政策をめぐる歴史的経緯を検討する。
第1節では日本の河川政策の大きな流れを論じる。明治初期から現在に至るま
でを3つの時期に区分し，主にダム事業に焦点をあてながら，治水・利水を中
心とした河川政策の概要と変遷，課題を検討する。第1期では，政策決定にお
いては国の力が大きく，1970年代前半頃までは大きな紛争は起きていなかっ
た。第2期は，以降，住民は河川の政策過程が閉鎖的であったり，政策のもた
らす効果が十分でなかったりすることに強く反発していった過程を示す。それ
に対応するために中央政府の政治家が河川政策の改革を進め，住民の参画も進
展していった。第3期は，1990年代後半以降で，住民の反発が構造物の建設と
りやめを求めるものへとその内容が変容していく過程であった。本書が観察対
象とする都道府県営ダム事業の終了は，第3期に起きており，同時期に地方政
治の変動も起きていて，それと関連があったことも提示していく。

　第2節では，第2期に行われた河川政策をめぐる改革に焦点を絞る。1点目
は制度変更，2点目は公共事業改革である。1点目の具体例は，公共事業評価
制度の導入と河川法の改正，の2つが挙げられる。2点目の具体例は，国が
行った3度の公共事業改革である。これらの改革は全て政治主導であった。ま

---

　1)　本書での住民とは，特にことわりがない限り，河川の流域に居住する人々を指す。

た，国はいずれの改革でも地方政府に方向性を示しただけで，実際の実施は地方政府に任されていた。なぜそのようなことになったのかを解明していく。

第3節では，河川政策の構造を示す。具体的には河川政策とその事業の1つであるダム事業の政策過程がいかなるものかを検討する。ここでは河川政策が政策の分立－総合の観点からみると，分立性が高いと示す。その要因の1つとして技術官僚の存在があり，技術官僚の存在が，結果として住民参加の範疇を狭めてきたと論じる。また河川政策は，中央政府からの補助金と出向官僚の存在で，中央政府からの独立性が低いと示す。

本章を通じて，①河川政策の決定に影響を与えてきたのは誰か，②河川政策の政策過程はどのような特徴を持つのか，③この特徴は何に起因し，何をもたらしたのかを探っていく。

第1節　日本の河川政策の歴史的経緯

本節では，日本の河川政策の流れについて，以下のように区分する。
第1期：国主導による河川整備の時期（明治初期～1960年代後半ごろまで）
第2期：国・都道府県と住民の対立の時期（1970年代前半～1990年代前半ごろまで）
第3期：改革の時期（1990年代後半以降）

1　明治初期～1960年代後半ごろまで：国主導による河川整備の時期

日本は世界的にみれば雨が多い気候にあるが，山岳地帯が多くを占め，地形が急峻な地域もあり，雨は速い速度で川を流れ下り，海へ流れ込む［蔵前，2007］。そのため，雨を貯めておくことが難しく，水を資源として利用するには治水利水の面から課題を多く抱えてきた。

明治初期，日本の河川政策は，1896年に施行された「国家権力による統制的色彩が強い[2]」特徴を持つ河川法[3]に基づき進められた。1964年までの約70年間適

---

　2)　国土交通省（以下，本書では「国交省」と記載する）「1-1．我が国の河川制度の歴史」　https://www.mlit.go.jp/river/shinngikai_blog/past_shinngikai/shinngikai/shingi/to9612-1.html（2024/09/16確認）。

第 2 章　日本におけるダム事業をめぐる政策と改革

用された。日本を代表するダム事業の多くはこの第 1 期に完成した。特に社会
に大きな影響を与えた 2 つのダム事業を検討する。1 つ目は佐久間ダム事業，
2 つ目は黒部ダム事業である。佐久間ダム事業は，水力発電を目的とし，国と
電源開発が，天竜川流域の静岡県と愛知県にまたがる地域に計画した。1956年
に完成した佐久間ダムは技術的にも大きな成功と捉えられ，のちに建設されて
いく大型ダムのはしがけとなった。この時期のダムは構造物としてのみ捉えら
れるものではない。町村は，佐久間ダムを「開発の20世紀」という時期で独特
な位置を占めていたという [町村編，2006]。町村は，佐久間ダムをアメリカの
TVA や旧ソ連やナチス・ドイツの国土開発と比較し，開発を国家体制統合の
中心に捉えていく点で共通と論じた。地域社会が大きな抵抗なく佐久間ダム建
設を受け入れた状況から，戦前の植民地政策と戦後の地域開発への連続性を見
出した。

　黒部ダム事業は，関西電力が発電目的で富山県の黒部川流域に建設し，1963
年に完成した。ダムの堤高は日本一で，513億円かけて建設された。佐久間ダ
ムと同様にその規模の大きさから社会の注目を集め，日本のダム建設における
「金字塔」[ダム工学会近畿・中部ワーキンググループ，2012] とされた。建設時の
困難とそれを克服した技術力の高さが注目され，日本の高度成長を支える大型
プロジェクトという文脈で映画が作成，記念切手も発行された。建設期間が佐
久間ダム 3 年，黒部ダム 7 年と比較的短期間で，これは関連アクターからの合
意調達が容易であったことが一因で，ダム建設に向けて社会全体の後押しも
あったためである。この時期のダム事業は，規模の大きさがまず賞賛され，日

---

3 ）　1964年まで適用された河川法は「旧河川法」と呼ばれている。

4 ）　JPOWER「佐久間ダム完成から60年」https://www.jpower.co.jp/damcard/sakuma
　　　60th/（2024/09/16確認）。

5 ）　1933年に米国で創設された連邦公社。テネシー川流域の洪水防御，地域経済開発，
　　　電力供給等を行う（29の水力発電用ダムを管理する（国交省「2，河川・下水道」p.
　　　47, https://www.mlit.go.jp/pri/houkoku/gaiyou/pdf/H10.3.9_2.pdf（2024/09/16確認），
　　　TVA, https://www.tva.com/（2024/09/16確認））。

6 ）　黒部ダム「黒部ダムを知る」https://www.kurobe-dam.com/（2024/09/16確認）。

7 ）　ダムの高さを指す。

8 ）　映画「黒部の太陽」(1968年公開)，映画「佐久間ダム」(1959年製作)。

9 ）　1956年発行。切手には「佐久間ダム竣工記念」と印刷されている。

本人の精神性が例えば不屈の努力，忍耐，などというキーワードをもって語られた。いずれの事業も完成までに多くの殉職者を出したにもかかわらず，社会の強い批判を招くこともなく，むしろ事業達成のためのいわば尊い犠牲であったというストーリーの中に位置づけられた。

　一方，この時代は，高度成長を背景に，電力だけではなく，都市部では生活・工業用水など利水需要も高まった。1961年，国は水資源開発促進法を制定し，淀川と利根川を対象とした[10]。また，TVAから，利水・治水ともに目的とする"多目的ダム"の概念も導入され，特定多目的ダム法も制定された。1964年に河川法が改正され[11]，利水も本格的な制度整備が進んだ[12]。

　河川法改正で，河川はそれまで「区間」で国や都道府県に管理されてきたが，以降は「水系」で管理されることとなった[13]。この改正には，当時，都道府県が保持していた河川管理権を国が吸収したとして，知事会は「地方自治の精神に逆行するものだ」と反対し，「提出を見合わせるよう」決議した[14]。しかし，その主張は顧みられず，水系での管理は「水系一貫主義」と呼ばれ，現在にまでおおむね引き継がれている[15]。国が管理する河川は一級水系で，都道府県を横断して流れる河川の多くが該当し，109存在する[16]。都道府県が管理するのは二級水系で2,710存在する。それ以外は単独水系と呼ばれ，市町村などが管理している。それぞれの水系は支流が存在する。整理すると**表2-1**のようになる。

　第1期は国主導で「管理」という概念で河川整備が進んだ時代であった。

---

10)　独立行政法人水資源機構「水資源公団の歴史」http://www.water.go.jp/honsya/honsya/outline/enkaku/koudansokuseki.html（2024/09/16確認）。

11)　「新河川法」とも呼ばれる。

12)　利水と治水の一体化とそのメインツールとしての多目的ダムの位置づけは［梶原，2021］に詳しい。

13)　国交省「河川法第4条第1項の一級河川の指定等について」https://www.mlit.go.jp/river/shinngikai_blog/shaseishin/kasenbunkakai/bunkakai/dai52kai/siryou1-2.pdf, p. 1（2024/09/16確認）。

14)　朝日新聞，1963年3月13日。

15)　国交省「河川法第4条第1項の一級河川の指定等について」https://www.mlit.go.jp/river/shinngikai_blog/shaseishin/kasenbunkakai/bunkakai/dai52kai/siryou1-2.pdf, p. 1（2024/09/16確認）。

16)　国交省「河川データブック2023」https://www.mlit.go.jp/river/toukei_chousa/kasen_db/pdf/2023/4-1-1.pdf（2024/09/16確認）。

第2章　日本におけるダム事業をめぐる政策と改革

表2-1　河川の種類とそれぞれの管理者

	管理者	水系数（河川数）
一級河川	国土交通大臣（一部は都道府県知事）[17]	109（14,079）
二級河川	都道府県知事	2,710（ 7,087）

出典：国交省，国交省河川データブック2023をもとに筆者作成

1,000人以上が死亡する大水害は第1期でほぼ消滅した。この時期に進んだ近代治水は一定の成果をあげ，さらに，中央集権国家の成立と技術を通じて，水害をめぐる地域間対立をも解消した［大熊，2007］。少数の例外を除いて，この[18]時期のダム事業は大きな紛争がほとんど起きておらず，表面的には平穏と捉えられた［Aldrich, 2008=2012］。

2　1970年代前半〜1990年代前半ごろまで：国・都道府県と住民対立の時期

第2期になると，ダム事業は一転して，行政機関と住民の対立の争点となった。1960年代後半以降，河川の水質や環境が着目され，住民の手で河川を守ろうとする運動が展開された。また，急激な都市化で，流域の保水・遊水機能の低下が進み，降った雨水が河川から溢れ，大きな被害をもたらす「都市型水害」も頻発した。[19]

一方，行政が河川政策を形成，執行するにあたり，過失があったとしてその責任を問う「水害訴訟」も起きた。大雨被害を受けた住民らが，国や都道府県などを相手に「河川管理に問題があった」と問うたものである。代表的なものとして1972年の大雨による「大東水害訴訟」，1974年の大雨による「多摩川水[20]

---

17)　一級水系のうち国土交通大臣が管理を都道府県知事に委任している。

18)　1953年，建設省が大分・熊本県にまたがる地域に計画した松原・下筌ダムをめぐって反対運動が起き，訴訟へつながった［蔵治編，2008］。

19)　国交省「第Ⅱ部　国土交通行政の動向，2，都市の防災性の向上」http://www.mlit.go.jp/hakusyo/mlit/h14/H14/html/E2023210.html（2024/09/16確認）。

20)　大阪府内の寝屋川水系が氾濫し被害にあった住民らは「河川の未改修が原因」として国や大阪府などを相手に損害賠償を求めた。争点は，水が溢れた未改修部分を行政側が放置していたかどうかであった（朝日新聞，1990年6月23日他）。

27

害訴訟」[21]がある。最高裁の判断では，前者は「原告敗訴」，後者は「原告勝訴」となった。前者は，「同種・同規模の河川の一般水準および社会通念に照らして格別不合理なものとは認められないなら瑕疵なしと解すべき」「河川の完全な安全性の保証は不可能であり，過渡的な安全性しか求められない」とした大阪高裁の判断を踏襲し，決着した[22]。大熊は，大東水害訴訟判決について，これ以降は行政側の河川管理責任は限定的に捉えられるようになった［大熊，2007：36］と後への影響の大きさを指摘[23]。いずれの訴訟も住民が河川政策の瑕疵を問題とした象徴的なものであった[24]。以降，多摩川水害訴訟を除いた多くの水害訴訟で住民敗訴が続いた[25]。

　水害だけではなく，1970年代以降は計画中の河川整備事業をめぐっても訴訟が起きた。代表的なものは，長良川河口堰の建設事業に対して，住民らが建設差し止めを求め，1973年に訴訟に至ったものである[26]。この運動の特徴は，長良川流域の住民が参加するだけではなく，全国的な広がりをみせたことで，開発か環境かという争点を越えて，川は誰のものかという観点からも大きな論争を呼んだ［蔵治編，2008］。

　ダム事業をめぐっても行政と予定地の住民の間で対立が続いた。国が北海道沙流川（さるがわ）沿いに計画を進めていた二風谷（にぶたに）ダム事業をめぐって，1993年，ダム建設のために北海道収用委員会に土地を強制収用されたことを不服としたアイヌの人たちが，決定の取り消しを求めて札幌地裁に行政訴訟を起こした[27]。札幌地裁

21）　多摩川の堤防が決壊し，住民らは国を提訴した（同上，1992年12月17日（夕刊）他）。

22）　同上，1990年6月23日。

23）　第4・5章で論じる県へのヒアリングでも同様の意見は複数の職員から聞かれた。

24）　1970年代以降，水害訴訟は頻発した。加治，志登茂，平作，平野，長良，玉，浅野川などでの水害も訴訟が起きた（同上，1992年12月17日（夕刊））。

25）　1972年，鹿児島の水害でも，住民はダム管理で国に落ち度があったとする訴訟を起こしたが，敗訴した（同上，1993年4月23日）。1975年，徳島の水害でも同様の訴訟が起きたが，住民側は敗訴した（同上，1994年8月9日）。

26）　国が三重県長良川に計画し，水資源公団が行った事業（事業費約1,840億円）。1995年に運用開始。治水と利水が目的であったが，水需要が伸びなかったため，利用は一部にとどまる。生態系への影響が懸念されたため，開門して調査が行われた（同上，2005年4月6日（夕刊）他）。建設差し止め訴訟後，支出差し止め訴訟が起きた。請求はいずれも棄却された（同上，2006年4月1日）。

27）　同上，1997年3月27日（夕刊）。

第2章　日本におけるダム事業をめぐる政策と改革

は「国は失われるものの研究を怠り，判断できないにもかかわらず，事業認定
した」とし，裁量権を逸脱した違法性を認定した。しかし，すでにダムは完成
しており，「収用裁決を取り消すと著しい障害を生じる」ため，原告の請求は
棄却された。[28]

　この時期の特徴は，前半は水害訴訟が頻発し，後半はダム事業などへの建設
差し止め訴訟が頻発したことにある。住民の河川政策への批判は，水害への備
えが十分だったかを問うものから，建設の是非を問う内容に変容した。「十分
かどうか」から「ゼロサム」の判断を求める内容となった。大規模水害の減少に
加え，ダム事業の政策効果や環境保全が重視されだしたためであろう。社会が
ダム事業を通じて開発の意義や日本人の精神性を見出していた時代は終わった。

　村松は主にこの時期の地方政府の役割について「公害反対の住民運動が噴出
し，地方自治体は経済政策のパートナーとしてのみならず，住みよい都市生活
を確保するため住民の代表機構として重要な存在として受け取られるように
なった」と論じた［村松，2001：94-96］。しかし，ここではまだ地方政府の存在
感は希薄である。

　一方，この時期，米国はクリントン政権下で，TVA が治水政策を大きく転
換，「ダムの時代は終わった」と新規ダムの中止を発表した［嶋津，2007］。

3　1990年代後半～：改革の時代

　第3期は，これまで頻発した行政と住民との対立からの脱却を目指して，国
や都道府県が改革を試みた時期である。この時期の河川政策は大きく変動し
た。その変動の内容は3点ある。1点目は，知事が主導して，ダム事業見直し
の動きが起きたこと，2点目は，住民がこれまで要望してきた河川政策の形成
過程への参加を行政側が受け入れるようになってきたこと，最後の3点目は，
河川の管理権限を中央政府から地方政府に取り戻そうとする動きが起きたこ
と，の3点である。順にみていこう。

　まず1点目である。2001年，長野県では，田中康夫知事[29]がダム建設を原則認
めない「脱ダム宣言」[30]を行った[31]。2008年，熊本県では，蒲島郁夫知事[32]が県内で

---

　28)　同上，1999年4月9日。

29

国が進める川辺川ダム事業について，地元自治体として「計画を白紙撤回」と表明した。滋賀県の嘉田由起子知事，京都の山田啓二知事，大阪の橋下徹知事は共同で，国の大戸川ダム事業を「中止」と表明した。徳島県でも，国の「吉野川可動堰」建設が知事選の争点になり，反対する知事が当選し，市長も

---

29) 2000年，政党の支援を受けずに立候補し，前副知事を破って初当選。ダム中止をめぐっては県議会が反発し，知事の不信任案を可決したが，出直し選で再選した。2006年の知事選で前自民党衆院議員に敗れた（同上，2000年10月16日，2006年6月23日，8月7日）。

30) 田中知事は「長野県においては出来うる限り，コンクリートのダムを造るべきではない」とした。環境への負荷や堆砂にかかる費用を問題とした（長野県『脱ダム』宣言」http://www.pref.nagano.lg.jp/kasen/infra/kasen/keikaku/iinkai/datsudam.html（2024/09/16確認））。

31) 「脱ダム」宣言後，田中知事は退任まで県営ダム事業を複数中止した。うち1事業は後任知事が2007年「脱・脱ダム宣言」を表明し，工事は再開された（朝日新聞，2013年6月20日）。田中はダムの持つ問題点について，事業費の多くは大手ゼネコンに支払われ，地域経済の発展につながらず，ダム事業を計画にしておくことで不透明な外郭団体の存続につながるためとした［田中，2009］。

32) 元東京大学教授。2008年，自民党の支援を受けて当選し，事業反対を表明した。蒲島知事は，県営荒瀬ダムの撤去も表明し，ダムは撤去された（朝日新聞，2008年3月24日，9月11日（夕刊），2012年8月31日）。

33) 朝日新聞，2008年9月11日（夕刊）。川辺川ダム事業は，1966年に建設省が治水専用ダムとして計画し，のちかんがいも目的に加わった。2003年に利水訴訟の控訴審で国側の敗訴が確定し，国交省が収用申請を取り下げ，2007年には農水省も利水事業から撤退を表明した。その後，国の「ダム事業の検証要請」の対象となり，中止とされた（朝日新聞，2013年9月17日）。川辺川ダム事業の経緯は［熊本日日新聞取材班，2010］に詳しい。その後，2020年に豪雨災害が発生し，蒲島知事は，ダム建設を容認した（朝日新聞，2020年11月19日（夕刊））。

34) 橋下知事は2011年，大阪府内の府営槇尾川ダム事業の建設中止を決めた。本体工事着工済みの事業が中止になったのは異例。府は治水目標を見直し，「河川改修の方が安全・安心につながる」とした（朝日新聞，2011年2月16日）。

35) 国が滋賀県大津市の淀川水系に多目的ダムとして計画した総事業費1,080億円の事業。水没予定地の住民の移転は完了していたが，2005年に国は事業を凍結し，2007年に治水専用の穴あきダムとして建設する方針に転じた（朝日新聞，2009年3月31日）。

36) 対する国交省は2016年に大戸川ダム事業を淀川水系の治水対策として最も有利と評価した（朝日新聞，2016年2月9日）。

37) 約240年前に設けられた石積みの第十堰をめぐって，建設省は堰を取り壊し，下流の徳島市に可動堰の建設を計画した。総事業費約1,000億円（朝日新聞，2004年3月2日）。

第2章　日本におけるダム事業をめぐる政策と改革

反対に転じた[38]。知事らは都道府県事業への政策判断を行うだけでなく，中央政府が主導する事業についても異議を申し立てた。河川は水系ごとに管理者が国と都道府県に分かれていたため，都道府県が県内で国が進める事業に対しても異議を申し立てるケースはほとんどみられなかったが，この時期，その構図に変化が起きた。

　こういった変化は，1990年代からの地方政治をめぐる変動の影響を受けた［曽我・待鳥，2007］と推測される。曽我らは変動の特徴を，財政運営上の困難が大きくなったことおよび無党派知事の登場にあると指摘する。財政上の理由で，政府規模に関する選択が地方政治にも課題として登場するようになり，政治化された領域が著しく拡大した。第3期に顕著となった河川政策をめぐる変動は地方政治の変動と時期が合致する。変動を起こした知事らはほとんどが無党派知事であった。無党派知事らは一般的に財政規律の保持を目指す［曽我・待鳥，2007］ため，それがダム事業をめぐる政策転換や国の政策への異議申し立てという帰結につながっている。また，知事らは全県区で当選してきており，一般利益を指向する［曽我・待鳥，2007］。そのため，住民の反対運動が起きている事業をめぐっては住民の政策選好を実現させようとするのは自然な流れと言える。

　変動の2点目は，住民らがこれまで試みてきた河川政策の政策過程への参加を行政側が受け入れるようになってきたことである。これまで行政機関や専門家が定義してきた基本高水流量[39]や計画高水流量[40]といった河川政策を決めていく専門的データの妥当性についても，勉強を重ねた市民らが異議を申したてるケースも出てきた。長野県では，田中知事主導で住民であれば誰でも参加できる「流域協議会」[41]という第三者機関が設置され，そこから発展した「高水協議

---

38)　第十堰の可動堰化をめぐる住民投票は2000年に行われた。建設反対が90％を超えた結果を受けて，当時の徳島市長は可動堰化反対に転じ，2002年に中止を公約に掲げた知事が当選した。一方，2005年に策定された吉野川の河川整備基本方針は第十堰の撤去を可能とする内容が盛り込まれている（朝日新聞，2000年1月24日，2002年8月8日，2003年5月19日，2005年9月27日他）。

39)　流域に降った計画規模の降雨がそのまま河川に流れ出た場合の河川流量。詳細は第3節で後述する。国交省「水管理・国土保全，河川に関する用語」https://www.mlit.go.jp/river/pamphlet_jirei/kasen/jiten/yougo/11.htm（2024/09/16確認）。

会」という場で住民が議論することにもつながった[42]。兵庫県は，県が管理する武庫川の河川政策に住民の意見を反映させる仕組みとして「武庫川流域委員会」を諮問機関として設置した[43]。公募住民を含む25人で構成され，300回以上の議論を重ねた[44]。こういった専門家と住民の協働を帯谷は，河川政策の「セカンドステージ」と位置づけている［帯谷，2004：271-305］。

　変動の3点目は，河川の管理権限を中央政府から地方政府に取り戻そうとする動きが起きたことである。第1期の河川法改正で，一部河川の管理が都道府県から国に移管したことへの逆行である。2008年に政府の地方分権改革推進委員会が第一次勧告として，国が管理していた一級水系のうち，1都道府県内で完結する水系は，原則として都道府県へ移管させるという要望を総理に提出した[45]。国の事務・権限を自治体へ移譲する動きの中で，河川の整備や維持管理も盛り込まれた。当初は同一都道府県内で完結する53水系の約2割が移管対象となり，第二次勧告でも河川管理の移管は引き続き盛り込まれた[46]。しかしその後，国と都道府県の個別協議において，財源の移管が課題となり，平行線を辿り，2010年に閣議決定された「地域主権戦略大綱」には盛り込まれず[47]，実質，移管は進まなかった。2013年に閣議決定された「事務・権限の移譲等に関する

---

40)　河道を設計する場合に基本となる流量。基本高水を河道と各種洪水調節施設に合理的に配分した結果として求められる河道を流れる流量。基本高水流量からダムや堰などで調節可能な水量を差し引いた流量。国交省「水管理・国土保全，河川に関する用語」https://www.mlit.go.jp/river/pamphlet_jirei/kasen/jiten/yougo/11.htm（2024/09/16確認）。

41)　長野県「流域協議会」http://www.pref.nagano.lg.jp/kasen/infra/kasen/keikaku/ryuiki/index.html（2024/09/16確認）。

42)　「流域協議会」のメンバーで構成され，基本高水流量の検討が目的。2007年，県に提言を提出し，「プロの世界に素人が口を出しても意味があるとは思えない」と批判されたことも記載されている。長野県「高水協議会」http://www.pref.nagano.lg.jp/kasen/infra/kasen/keikaku/takamizu/index.html（2024/09/16確認）。

43)　熊本県球磨川でも，潮谷知事が開いた「住民集会」がある。

44)　朝日新聞，2010年10月17日（阪神版），武庫川流域委員会でも住民らが基本高水流量について議論している。

45)　国交省河川局「地方分権改革の現状について（平成21年1月9日）」https://www.mlit.go.jp/river/shinngikai_blog/shaseishin/kasenbunkakai/bunkakai/dai40kai/pdf/shiryou-07.pdf（2024/09/16確認）。

46)　同上。

図2-1 時期別にみる河川政策の政策過程における主要アクター

見直し方針について[48]」でも，移管対象河川は「国と地方自治体が協議を行い，協議が整ったものについて移譲を進める」とのみ記載された。結果的に都道府県側の要望は実現しなかったが，地方政府が河川管理者の移管を中央政府に求める動きが発生したのも第3期の特徴の1つと言える[49]。

一方，第3期は大型公共事業への批判がさらに高まった。長良川河口堰事業や川辺川ダム事業への建設反対運動は予定地住民のみならず全国に広がった。第1期では数年で完成することもあった大型ダム事業はもはや完成までに四半世紀以上の時間を要するようになっていた。2000年の総選挙で大敗した自民党は，都市部での有権者からの支持を失った理由を公共事業に求め［三田, 2010］，この時期に河川法は改正され，河川政策の形成過程は変更されている。本書の観察対象である都道府県営のダム事業の終了は，ほぼ全てこの第3期に起きていた。詳細は第3節に譲るが，本書が着目するアクターの観点から見ると，時を経ることに政策過程に登場するアクターは増えている（図2-1）。

---

47) 「地域主権戦略大綱」http://www.cao.go.jp/bunken-suishin/ayumi/chiiki-shuken/doc/100622taiko01.pdf（2024/09/16確認）。

48) 内閣府（2013）「事務・権限の移譲等に関する見直し方針について」http://www.cao.go.jp/bunken-suishin/doc/k-minaoshihoushin-honbun.pdf（2024/09/16確認）。

49) 神野は，1つの河川を中央政府と地方政府で区間を区切って，異なる管理者が管理することは効率的ではなく責任の所在も不明になる［神野, 2014：411-427］とし，大熊は技術にも自治が存在すると主張した［大熊, 2014：119-143］。

小　括

　第 1 期では，河川政策を決定しているアクターは国であり，官僚であった。都道府県事業の場合でも地方政府の存在は表舞台には登場しない。国主導の事業に対しても反対アクターは目立たず，大型ダム事業も数年でいわば一気呵成に次々と完成している。

　第 2 期に，この構図は変化する。住民が批判を始めた時期である。水害などで顕在化した政策の瑕疵をめぐって訴訟が頻発する。住民の批判は行政の対応が不十分と問うところからダムなどの構造物の建設差し止めを求める内容に変容した。一方の地方政府は，高度成長時代を背景に存在感は増したはずだが，それでも河川政策においてはまだ希薄である。

　最後の第 3 期は，地方政治で大きな変動が起きた時期であり，それに伴い河川政策にも変動が起き，政策過程には，国の政治家，知事，地方政府，予定地外の住民も登場する。無党派知事らは，たとえ国が所管する事業であっても，住民の批判が強い場合には事業に異議を唱えた。知事は全県区で選出され，特に無党派の知事は既成政党からの支持調達を期待できないため，住民からの支持が政治基盤となるためである。加えて財政資源の制約を理由に，地方政府の課題として政府の規模縮小の検討も余儀なくされていた。さらに，地方政府は，河川政策における権限の移管も中央政府に求めていく。こういった多くの変容は，1990年代に起きた地方政治の変動とそれに伴う地方政府の政策選択によるものだと考える。

第 2 節　ダム事業をめぐる改革

　本節では，主に第 3 期に行われたダム事業に関連した改革の検討を行う。法制度の変更と公共事業改革である。

　まず，法制度の変更は 2 点ある。1 点目は事業評価制度の導入で，2 点目は河川法改正である。いずれも河川政策の形成政策過程の変更を促し，終了プロセスにも影響を与えている。次に，公共事業改革は，全て国主導で計 3 回行われている。年代順に示すと，1 回目は1997年に実施された「ダム事業の総点検」[50]，2 回目は2000年に実施された「与党 3 党の事業の見直し」，3 番目は2010

34

第 2 章　日本におけるダム事業をめぐる政策と改革

年の民主党政権下の「ダム事業の検証要請」である。これらも事業終了を促す
要因となった。こういった改革が起きた1990年代の時代背景を改めて振り返
る。

1　改革が起きた背景

　1990年代前半以降，本章第 1 節で論じたように大型公共事業に対する住民か
らの批判が強くなる。1993年，金丸信自民党副総裁の脱税事件をきっかけに，
国と地方の政治家がゼネコン各社から多額の現金などを受け取っていた「ゼネ
コン汚職事件」[51]が明らかになった。そこでは公共事業の発注や許認可で強い権
限を持つ首長らと建設業者の癒着が浮かび上がり，批判は自民党に向かった。
政治改革が争点となった1993年の選挙で自民党は大敗した[52]。長良川可口堰事
業，諫早湾干拓事業[53]などは「無駄な事業」と捉えられ，特に都市部の有権者を
中心として強い批判を浴びた[54]。2000年の総選挙でも自民党が敗北した[55]。この選
挙結果を受けて，政府・自民党は選挙前に示していた2000年度予算に盛り込ま
れていた公共事業予算の予備費約5,000億円の配分先を変更した[56]。公共事業費
を減らし，環境や社会保障費を増額した。こういった時代背景の中で，河川政

50)　以下，本書では 3 度の改革をそれぞれ「総点検」「与党 3 党の見直し」「検証要請」
　　と記載する。
51)　朝日新聞，2015年12月30日。
52)　同上，1993年 7 月23日，自民党の敗因は，公共事業への批判ではなく，選択肢によ
　　り有権者の行動が変容した結果という指摘もある［蒲島，2000］。
53)　農地確保と洪水被害の解消を目的に農水省が1989年に着工した。諫早湾を閉め干拓
　　地を設けた。総事業費約2,533億円。これに対し，漁業関係者らは堤防の排水門の開門
　　を求め提訴したが，2024年 4 月に漁業者の敗訴が確定した。一方，農業関係者らは開
　　門すると農業被害が出るとして開門差し止めを求め提訴し，開門禁止の判決が確定し
　　た（朝日新聞，2015年12月18日，2017年 3 月28日，4 月18日，2024年 4 月26日他）。
54)　野坂浩賢建設大臣は，長良川河口堰事業への反対運動を背景に，今後の大規模公共
　　事業を「計画の当初からより透明性と客観性のあるシステムをつくる必要がある」と
　　した［政野，2008］。五十嵐広三官房長官も事業の妥当性を審議する第三者機関の創設
　　を提案した。
55)　自由民主党，公明党，保守党の連立与党は 3 党で過半数を確保したが，自民党は38
　　議席減，公明党と保守党もそれぞれ11議席減となった（衆議院，「第42回衆議院議員総
　　選挙」）。
56)　朝日新聞，2000年12月16日他。

35

策の改革も行われていくことになる。

2　制度変更
1）　事業評価制度の導入（1998年）

　1997年12月，橋本龍太郎首相が国の公共事業の効率性・透明性を高めるために，事業評価制度の1998年度からの実施を決めた。[57]事業計画は原則5年で見直すための再評価が行われることとなった。[58]制度の特徴は，事業を採択する際に「費用対効果」の考え方を取り入れるとともに，再評価の際には「時間」という尺度も採用したことであった。北海道が先駆けて実施していた「時のアセスメント」[59]を国が取り入れた形であった。[60]都道府県での導入は，都道府県の判断に委ねられた。

　事業評価は，事業が採択される前に行われる「新規事業採択時評価」と事業が採択された後に行われる「再評価」と事業完了後に行われる「事後評価」の大きくは3つに分かれる。[61]本書の観察対象であるダム事業終了は，このうち「再評価」の影響を大きく受けるため，ここでは「再評価」のみを検討する。

　「再評価」される事業の対象は次の3種類である。[62]1つめは，事業採択後，一定期間（国の事業は3年，都道府県が実施する国の補助事業は5年）が経過した時点で未着工の事業，2つめは，事業採択後，5年が経過した時点で継続中の事業，3つめは，再評価実施後一定期間（国の事業は3年，都道府県が実施する国の補助事業5年）を経過している事業，である。評価の結果，必要であれば見直しを行う他，継続が適当と認められない場合は中止，つまり終了する。具体的な評価規準は事業ごとに異なるが，必要性や進捗の見込み，コスト縮減や代替

---

57)　国交省「事業評価の仕組み」http://www.mlit.go.jp/tec/hyouka/public/09_public_01.
html（2024/09/30確認）。

58)　建設省は1997年度から試行していて，他の省庁もこの時期から事業評価を行っている。

59)　道庁の不適正経理を発端とした道庁改革。1997年度に全国の都道府県に先駆けて導入した。ここでの「アセスメント」とは「事業査定・評価」を指す。https://www.
pref.hokkaido.lg.jp/ss/sks/toki/keika.html（2024/09/16確認）。

60)　事業評価制度は北海道以外にも三重県など国に先がけて導入した都道府県は複数ある。

61)　国交省「事業評価の仕組み」http://www.mlit.go.jp/tec/hyouka/public/09_public_01.
html（2024/09/30確認）。

62)　同上。

図2-2　都道府県における再評価の主な流れ

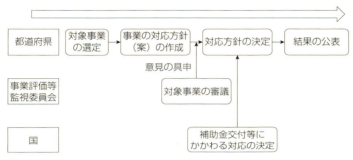

出典：国交省「再評価の概要」をもとに筆者作成

案の可能性などを検討する。検討の際には学識経験者らをメンバーとする「事業評価監視委員会」を設置することが義務付けられ，意見具申を経た上で，事業の実施者は，その意見を尊重し，「継続」や「中止」を決定する。再評価の結果や根拠は原則公開である。[63]

一方，都道府県にて行う再評価も同様で，主な流れは，図2-2のようになる（都道府県によっては一部図とは異なる場合がある）。

評価制度発足以降，再評価された事業は，その結果，ほとんどの事業で「継続」とされ，「休止」や「中止」となった事業は少なかった［三田，2010：77-114］。三田はこの制度を「お墨付きを各事業に与え，事業の必要性を示す」と論じた。なお，導入初年度である1998年度は建設省が所管する事業5,724事業のうち，中止・休止したのは計34事業であった。[64]

本書では，再評価制度の導入は終了促進要因になったと考える。終了した事業の絶対数は少ないが，終了が制度として担保されたためである。制度導入前は，終了の妥当性をめぐっては，一定の評価を踏まえての議論は制度化されておらず，事例ごとに個別に検討が進められていた。そして実態として，制度導入前に終了したダム事業は管見の限り，ほとんど見当たらなかった。これに対

---

63)　国交省「事業評価の仕組み」http://www.mlit.go.jp/tec/hyouka/public/09_public_01.html（2024/09/30確認）。

64)　34事業のうち中止が決定したのは，既に中止を公表していたダムなど計9事業であった（朝日新聞，1999年3月20日）。

し，制度導入後は，国や都道府県が一定期間ごとに事業を継続するか終了するか議論する場が存在し，導入後に制度を則らずに事業を終了した例は確認できなかった。

　また，事業評価制度導入に伴い，事業評価監視委員会は，事業実施者が終了を決定する際，終了への合意調達を行わなくてはならない必須アクターになった。事業評価監視委員会での意見具申の内容が例えば「中止が望ましい」とされれば，委員会の意見は終了促進要因となる。

２）　河川法の改正（1997年）

　もう１つの制度変更，河川法改正について検討する。1996年12月，「河川審議会[65]」が「21世紀の社会を展望した今後の河川整備の基本的方向について」とした提言を亀井静香建設大臣に手渡した。主な内容は，河川法改正に向けたもので，行政の転換を求めた［建設省河川法研究会，1998］。建設省は答申を踏まえ，1997年３月に「河川法の一部を改正する法律案」を国会に提出，同年６月に公布された。

　改正点の特徴は２点あった。１点目は，第１条に「河川環境の整備や保全[66]」を法の目的として位置づけたことにある。それまでの河川法は「河川環境は事実上無視されている」［今本，2009：4-5］と批判されてきた。環境や自然の保護という概念が初めて河川法に記載されたこととなる。これは「ダムや堰などの事業が河川環境を悪化させているとの批判が強いため」と報道された[67]。

　２点目は，「住民参加」の概念を盛り込んだことである。改正前は，水系ごとに「工事実施基本計画[68]」を策定することとされ，手続きは，河川管理者は「河川審議会」の意見を聴くものの，自らの判断で計画を策定するとされていた［建設省河川法研究会，1997］。しかし，改正後は，河川管理者は河川整備を進める際には，流域の知事や市町村長の意見を聴取することを義務付け[69]，さらに

---

65)　建設省の諮問機関（高橋弘篤会長）。

66)　河川法第一章総則（目的）第一条。

67)　毎日新聞，1997年２月26日。

68)　国交省「河川整備基本方針・河川整備計画について，1．河川の整備計画制度の見直し」https://www.mlit.go.jp/river/basic_info/jigyo_keikaku/gaiyou/seibi/about.html（2024/09/16確認）。

第2章　日本におけるダム事業をめぐる政策と改革

図2-3　河川法の考え方の変遷

出典:「改正河川法の解説とこれからの河川行政」[建設省河川法研究会, 1997：9] をもとに筆者作成

河川管理者が必要と認めたときは,「関係住民」の意見を反映させるための必要な措置を講じなければならないとされた。

河川法改正における考え方の変遷を整理すると図2-3のようになる。

「環境」と「住民参加」が河川法に盛り込まれたことは, 河川管理者と流域住民との間に新しい関係を築くこととなり,「協働型河川管理」[新川, 2008：9]が実現し,「利害関係者の参加の場が広く民主的になった」[若井, 2009：28]と評価された。しかし, 改正後もなお, 政策過程への住民参加が不十分との指摘も出た[70]。事業実施までの流れを河川法改正前と改正後で比較し, 図2-4の通り整理した。

多様な住民参加の形が表れた。本章第1節で論じた長野や兵庫における流域委員会などの取り組みもその1つである。他にも住民参加の例としては, 一級水系の淀川において河川整備計画が策定される際に, 学識者や住民らの意見を聴く場として国が設置した「淀川水系流域委員会」[71]が挙げられる。改正河川法の趣旨を盛り込んで「委員会」はスタートし, 600回以上に及ぶ議論を経て,「ダム原則中止」を提言した[72]。しかし, その後「委員会」は国交省と対立し,

---

69)　河川法第十六条2として追加された。
70)　本章第2節に記述。
71)　以下, 本節では「淀川水系流域委員会」を「委員会」と記載する。

39

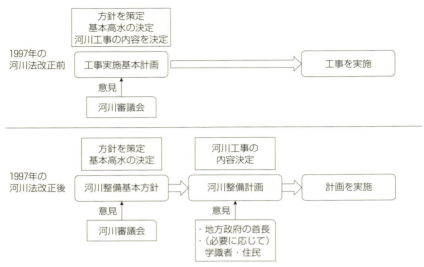

図2-4 工事や計画実施までの主な流れ

出典:「改正河川法の解説とこれからの河川行政」[建設省河川法研究会, 1997:33] をもとに筆者作成

2009年,国交省は「委員会」の休止を決定した。[73] この「委員会」と国交省の距離感はむしろ評価され [山下, 2010],各地の河川の違いに着目し,地域ごとの工夫をこらすことが期待されたが,結果,河川管理の決定権限を乗り越えられなかったことが「委員会」の限界とも言える。一般的に同種の委員会は行政が作成した原案に意見を述べ,それを行政が案に反映させるものであるが,「委員会」は原案作成の段階からかかわり,通常は行政が務めていた事務局も外部の民間機関に委託し,これらが画期的でもあった [佐藤, 2009]。

「委員会」と同種の流域委員会は,都道府県が管理する各地の二級河川にも設置された。多くは河川整備計画に意見を述べる都道府県の諮問機関と位置づけられた。個々の流域委員会については多くの論考が出された [嘉田, 2003] [三田, 2008] [佐藤, 2009] [古谷, 2009] [宮本, 2009] [山下, 2010] [大野, 2012]。

---

72) 2001年に発足した。24人の委員は外部組織の推薦をもとに国(近畿地方整備局)が選んだ。2008年に淀川流域に計画されていた4つのダム計画を「不適切」と指摘した(朝日新聞, 2009年6月10日)。

73) 朝日新聞, 2009年7月1日。

それらを要約すると，名称は「流域委員会」「河川懇談会」「連絡協議会」など
さまざまで，メンバー，参加する住民の人数，参加方法，開催回数，意見のと
りまとめ方などは都道府県に任され，ヴァリエーションがある[74]。河川法改正は
地方政府におけるダム事業の終了プロセスにも大きな影響を与えた。詳細は第
4章の事例観察で検討するが，形成過程に住民が参加した場合，終了過程にも
参加の必要性があると考える県が存在していたためである。

3　国による公共事業改革

　ここからは，国が行った3つの公共事業改革について検討する。これらの改
革も，地方政府の事業終了に大きな影響を与えた。国は改革の対象を国の事業
だけではなく，地方政府の事業も具体的な事業名を挙げて検討するよう地方政
府に要請したためである。いずれの改革も国は終了検討のきっかけを地方政府
に与え，それ以降の部分，例えば終了検討のプロセスや決定内容は地方政府に
委ねられた。本書はこの地方政府に委ねられた部分の終了検討のプロセスの形
態がいかなるものであったかを明らかにしていく。ここからは，国による改革
の提示と地方政府による応答のプロセスを論じる。

1）　ダム事業の総点検（1997年）

　1995年，国は有識者等による第三者機関として，「ダム等事業審議委員会」[75]
を発足させ，13のダム事業等について審議を行った。大規模公共事業の見直し
に関心が高まったことに機に作られた[76]。審議会は各地方建設局長の私的諮問機
関で，委員の構成は知事，議長などが占め，知事が推薦する学識経験者がメン
バーに入ることもあった[77]。「ダム審」は，渡良瀬遊水地第2期事業を中断[78]，平
取ダム[79]を一時凍結とする答申を出した［三田，2010：80-81］（朝日新聞，1996年12
月17日）。他は「事業継続が妥当」あるいは「両論併記」と答申された。これ

---

74)　一級水系を中心に検討した大野によると，委員の数は最も多い委員会で37人，最も
　　少ない委員会で6人。委員会の特徴もそれぞれ異なり，「漁協参加型」「研究者優位型」
　　「環境NPO参加型」など地域ごとに7つに分類される［大野，2012］。
75)　以下，本書では「ダム等事業審議委員会」を「ダム審」と記載する。
76)　朝日新聞，1995年7月1日。
77)　同上。

41

表 2 - 2 「ダム審」の結果

		対象事業数	結　果	
			凍結	中断
ダム事業	国	13	1	1
	都道府県	0	0	0

出典：朝日新聞，1996年12月17日等にもとに筆者作成

ら以外の事業が継続的に審議対象になることはなかった。帯谷は「ダム審」を委員の選定方法や審議が非公開であり，審議の対象となった事業のほとんどが計画の妥当性を追認する答申を出したため，「お墨付き機関」と批判した［帯谷，2004：132-134］。

　これと並行して，1997年，建設省河川局は予算圧縮を目的として，[80]全国で調査や建設中のダム計383事業全てを，計画の必要性，緊急性，コスト，住民の反応などを点検し，計画の中止・凍結への検討を都道府県に要請し，事業終了か否かは都道府県が判断した。「ダム事業の総点検」と呼ばれた。その結果，中止は 6 事業[81]，翌年度は予算要求せずに当面休止とされたのは12事業，調査のみを継続し，建設工事への着手を凍結されたのは70事業であった[82]。中止の 6 事業はいずれも都道府県営ダム事業であった[83]。うち 3 事業は小規模なものであった[84]。中止や休止になった事業の進捗は[85]，いずれも調査段階で，ダムの本体工事

---

78)　首都圏への利水を目的に国が計画した栃木，茨城，群馬，埼玉にまたがる事業。第 1 期事業は1989年に完成した。第 2 期事業は利水需要が消滅し，中止となった（朝日新聞，2002年 8 月 7 日）。

79)　北海道開発局の沙流川総合開発事業の一環で，二風谷ダムとともに計画された。総事業費は約573億円。流域はアイヌの人たちが多く居住する。民主党政権下の「検証要請」の対象にもなり，本体工事が凍結されていたが，2012年に再開され，2022年に運用開始（朝日新聞，2012年11月10日。国交省北海道開発局「沙流川総合開発事業」https://www.hkd.mlit.go.jp/mr/sarugawa_damu/tn6s9g0000000zll.html, 2024/09/16確認）。

80)　公共事業費が前年度比で 7 ％削減される財政事情を反映させた（朝日新聞，1997年 8 月27日）。

81)　答弁書第 1 号，内閣参質141第 1 号，平成 9 年11月14日，参議院議員竹村泰子氏への橋本龍太郎内閣総理大臣の答弁書による。

82)　同上。

83)　同上。

第 2 章　日本におけるダム事業をめぐる政策と改革

表 2 - 3　「総点検」の結果

		対象事業数	結果	
			中止	休止
ダム事業	国	105	0	0
	都道府県	246	6	12

出典：答弁書第 1 号，内閣参質141第 1 号，平成 9 年11月14日，
　　　参議院議員竹村泰子氏への橋本龍太郎内閣総理大臣の答弁
　　　書をもとに筆者作成

や集落移転などが行われていた事業はなかった。中止の理由の多くが，水需要
が予測を下回ったことや，事業費が膨らんだことであった。[86][87]

　藤田は，自民党主導でいくつかの事業は中止されたが，族議員と建設省が取
り組んだ改革は，公共事業という政策コミュニティに決定的なダメージを与え
なかったと考察した［藤田，2008］。

　また，この時期，もう 1 つ大きな政策転換が行われた。都道府県営事業に対
して支払われる国からの補助金の扱いである。従来は，都道府県が途中で事業
を終了や中止した場合，補助金適正化法に基づき国から支出済み補助金に「加
算金」を上乗せして返還を求められていた。しかし，地方分権改革の進展に伴
い，都道府県に返還の必要はなくなった。1998年に閣議決定された「地方分権[88]
改革推進計画」に，社会経済情勢などの変化に応じて事業を中断したり見直し
たりする場合，過年度も含めて国からの補助金を返還する必要はないという趣
旨が盛り込まれたためである。「事業中止が自治体の過大な負担とならないた[89]
め」とされた。中央政府への補助金返還が求められないことで，地方政府が自[90]
律的に終了を決定する環境は少しずつ整ってきていた。一連の改革は不十分と
の批判を受けながらも，終了した事業は一定数存在した。これまで推進一辺倒
であった公共事業をめぐり，国が初めて本格的な見直しを検討した取り組みで

84)　朝日新聞，1997年 8 月27日。山間部や島しょ部などの治水，利水対策を目的とする
　　　小規模ダム。
85)　事業進捗の詳細は本章第 3 節で述べる。
86)　朝日新聞，1997年 8 月27日。
87)　水需要減少の要因のほとんどは人口減少であった。
88)　日本経済新聞，1998年 8 月31日。

43

あった。

2）　与党3党の見直し（2000年）

　次に，国が大型公共事業の見直しに着手したのは，2000年夏であった。自民党は2001年度の予算編成を前に，公共事業のあり方を抜本的に見直すために，亀井静香政調会長直属の「公共事業抜本見直し検討会」を設置した[91]。自民党，公明党，保守党の与党3党は，「我が国における公共事業が経済社会の変化や時代のニーズに必ずしも適応したものになっていないという強い批判を受け[92]」たとした。与党3党は，この検討会での議論を受け，『現在の公共事業の抜本的見直しに関する三党合意』を発表した[93]。内容は計画段階にある事業および既に着工している事業として233事業（建設省102事業，運輸省61事業，農水省70事業）を抜本的に見直すというものであった[94]。対象となった事業の基準は次の通りであった[95]。①事業採択後5年以上経過して，未だ着工していない事業，②完成予定を20年以上経過して，完成に至っていない事業，③現在，休止（凍結）されている事業，④実施計画調査に着手後10年以上経過して採択されていない事業，これに加えて，建設省の独自基準である「事業採択後20年以上経過して

---

89)　1998年5月に閣議決定された「地方分権推進計画」では，「再評価の結果，当該国庫補助事業等を中断する場合，補助金等に係る予算の執行の適正化に関する法律第10条第1項においては，……（中略）……事情の変更により特別の必要が生じたときは，当該交付の決定を事業等の執行が済んでいない部分に限って取り消すことができるとする趣旨を定めており，……（中略）……既に事業等の執行が済んだ部分について補助金等の返還を求められることはない」とされた。「地方分権推進計画　第4国庫補助負担金の整理合理化と地方税財源の充実確保，(3)国庫補助負担金の制度・運用の在り方をめぐる国と地方の新しい関係の確立，イ長期にわたり実施中の国庫補助事業等の再評価」。

90)　朝日新聞，1997年8月18日。

91)　同上，2000年7月27日（夕刊）。

92)　国交省「平成12年度　河川局関係事業における事業評価について，Ⅱ再評価について，1．公共事業の見直し，1）概要」http://www.mlit.go.jp/river/press_blog/past_press/press/200101_06/010328/010328_21.html（2024/09/16確認）。

93)　同上。

94)　同上。

95)　同上。

第2章　日本におけるダム事業をめぐる政策と改革

継続中の事業で当面事業の進捗が見込めないもの等」も対象とされた。それぞ
れの事業の主体者に対し，第三者で構成される事業評価監視委員会を開催し，
審議するよう要請した。233事業のうち24事業については，与党3党は具体名
を挙げて中止を勧告した。その後，建設・農林省が独自に中止の方針を示すな
どして追加した事業もあり，あわせて計279事業のうち計255事業の中止が決定
した。この改革でも国は見直しの基準と考え方を示し，事業名を挙げたもの
の，その後の検討プロセスの選択や終了か否かの判断は都道府県に委ねた。

　中止になった事業のうち，ダム事業に特化してその内訳を確認すると，国事
業12，都道府県事業34であった。大型のダム事業では徳島県の細川内ダムなど
が終了した。しかし，中止勧告されたにもかかわらず，中止されなかった事業
もあった。なお，当時，政府は既に2001年度の当初予算案の公共事業費を前年
度並みに据え置く方針を決めていて，見直しで縮減された財源は別の事業に振
り向けられることとなり，公共事業費全体の削減には直接結びついていない。

　この改革の背景は，当時の自民党の危機感があり［井堀，2001など］，2000年
の総選挙で「公共事業見直し」を掲げた民主党が強く批判していた島根県の中
海・宍道湖淡水化事業と徳島県の吉野川第十堰改築事業も検討対象となった。

96)　同上。
97)　同上，2000年8月28日（夕刊）。24事業のうちダム事業は2事業あった。24事業以外
　　の事業は，発表時点では具体名は挙げられなかった。建設省は追加で92事業を名挙げ
　　した。
98)　同上，2000年11月29日。
99)　徳島県那賀川に国が計画した多目的ダム。事業費は約1,100億円。1968年に予備調査
　　が始まったが，村は建設に反対し，1994年に「ダム建設阻止条例」を制定した。1997
　　年に事業は休止されていた（同上，2000年12月14日）。
100)　例えば，国交省が愛媛県肘川に計画した山鳥坂ダムで1986年に着工された。しかし，
　　住民の反発があり，「見直し」の対象となったが，愛媛県知事らが計画を修正し，継続
　　とした。一方，他の自治体が修正案に反発し，治水専用ダムに目的が変更された。
　　2024年3月末現在，本体工事中。
101)　朝日新聞，2000年8月26日。
102)　鳥取と島根県の県境にある湖「中海」を干拓，淡水化した上で，農地造成を行い，
　　米増産を目的とした農水省の事業。米の減反や環境悪化などで1988年に両県が国に対
　　して事業の中断を申し入れ，凍結となった。「見直し」で中止となった。約850億円が
　　費消された（同上，2012年12月25日）。
103)　同上，2000年8月9日。

45

一方，「抜本的見直し」の対象とされた事業は，すでに休止していたり，事業
が進捗していなかったりするものが多く，国は改革の成果をアピールしやすい
よう事業を選択したと批判もされた。[104] 三田も，当時の官僚が与党3党の政治家
に協力的であったともいえるが，中止事業が調査段階のものが多く，抵抗が少
なかったと論じた。また建設省が独自基準で対象を追加したことを「与党に任
せきりにしない姿勢」をアピールしたと指摘した［三田，2010：96］。三田は，
「総点検」でも「与党3党の見直し」においても，建設省は与党と同時かある
いは追随する形で独自の基準で中止したり，検討候補を提示したりしたとい
う。

　事業推進官庁が与党による見直しに同調するような行動をとったのはなぜだ
ろうか。この建設省の行動を考える上では，戸矢による大蔵省の分析が参考に
なる。戸矢は，金融ビッグバンが出現した理由を国家アクターが公衆の支持を
失った時，国家アクターは組織存続の必要性から，公衆の支持の回復に努める
と考え，大蔵省と自民党が各組織の存続に向けた戦略的互恵関係による行動の
結果と説明した［戸矢，2003：181-232］。この時，公共事業批判を受けてきた建
設省は，与党との「戦略的互恵関係」の産物として，自ら改革に取り組む姿勢
を「公衆の支持を得るために」に示したと推測される。一方，ここで本書の関
心を考えると，都道府県でも同様の行動がみられるのかという疑問が起きる。
都道府県営ダム事業を中止していくプロセスで所管部署等はいかなる理由を
持って行動するのか。本書でも解明したい。

　これまでの改革で中止とされた事業数を比較すると「与党3党の見直し」は
「総点検」に比べて中止事業数が多く，「見直し」対象となった事業のほとんど
は中止となった。

3）　民主党政権下のダム事業の検証要請（2010年）

　3度目の改革は民主党への政権交代の後，行われた。民主党は2009年の選挙
の際の公約に掲げていた [105]「できるだけダムに頼らない治水への政策転換」とい
うスローガンを政権交代直後から実施しようとした。野党時代から民主党には

104）　同上，8月29日。
105）　同上，2010年7月3日。

第2章　日本におけるダム事業をめぐる政策と改革

表2-4　「与党3党の見直し」の結果

		対象事業数	結果 中止
河川事業	国	1	1
	都道府県	29	28
ダム事業	国	14	12
	都道府県	34	34
砂防等事業	都道府県	2	2
海岸事業	都道府県	3	3

注：砂防等事業，海岸事業では国の事業は対象になっていない。
出典：国交省「平成13年度河川局関係予算決定概要，Ⅴ．公共事
　　　業見直し等の概要」をもとに筆者作成

大型公共事業を批判してきた議員が多く所属していて，[106]これらの議員が中心と
なって改革は進められた。2009年12月に「今後の治水対策のあり方に関する有
識者会議[107]」が発足し，ここで示された「中間とりまとめ[108]」の考え方に従い，国
や都道府県はダム事業の検証を行った。この「とりまとめ」には別添資料として，
「検証の対象とするダム事業」として個別事業名が挙げられた。対象となった
国事業は25，[109]水資源機構事業は5，都道府県事業は53で計83事業であった。[110]
2010年9月に，国交省河川局長から各都道府県知事宛に「ダム事業の検証に係
る検討を行うよう要請します」と記載された文書が発信された。[111]

---

106)　例えば，諫早湾干拓事業や長良川可口堰事業に反対していた菅直人や吉野川第十堰
　　　をめぐる住民投票実施を支援していた仙谷由人など（朝日新聞，1997年5月12日（夕
　　　刊），1998年11月25日など）。

107)　委員は，大学教授など専門家9名で構成された。

108)　「今後の治水対策のあり方に関する有識者会議」における12回の議論を経て，作成さ
　　　れたもの。「今後の治水対策のあり方について　中間とりまとめ」（平成22年9月）p. 1,
　　　https://www.mlit.go.jp/river/shinngikai_blog/tisuinoarikata/220927arikata.pdf
　　　（2024/09/16確認）。

109)　国交省は，1事業に2つのダムがある場合は1事業とカウントしている。例：北海
　　　道開発局事業の幾春別川総合開発。ダムは2施設ある。「今後の治水対策のあり方につ
　　　いて　中間とりまとめ」（平成22年9月）【別添資料1】p. 66。

110)　「今後の治水対策のあり方について　中間とりまとめ」（平成22年9月）【別添資料
　　　1】pp. 66-69。

47

表2−5 「民主党政権下のダム事業の検証」の
結果

		対象事業数	結果
			中止
ダム事業	国	25	5
	水資源機構	5	1
	都道府県	53	19

出典：国交省「個別ダムの検証の状況（令和5年3月末）」
をもとに筆者作成

　この「とりまとめ」の特徴は，具体的な作業手順と方向性を「有識者会議」
が示したことにある。「とりまとめ」には，「『できるだけダムにたよらない治
水』への政策転換を進める」と記載された。次に，「個別ダム検証の進め方」
として，「関係地方都道府県からなる検討の場」を設置し，この検討過程では，
関係地方公共団体の長や住民の意見を聴くことおよびダム以外の治水対策案の
提示も求められた。また「総合的な評価の考え方」に示されたポイントに従
い，検討を進めるよう要請がなされた[112]。

　これに従い，各都道府県で検証が行われた。2023年3月末で，「中止」とさ
れたのは19事業であった[113]。一方，国事業では「中止」は5事業[114]，水資源機構事
業では「中止」は1事業，「検証中」は4事業であった[115]。

小　括

　本節では，中央政府が行った改革に焦点をあてながら，中央政府と地方政府

111）　「ダム事業の検証に係る検討に関する再評価実施要領細目」https://www.mlit.go.jp/
river/basic_info/seisaku_hyouka/gaiyou/hyouka/pdf/kasen_04_saimoku.pdf
（2024/09/16確認）。

112）　滋賀県担当者へのヒアリングでは「有識者会議が示した検証方法は，滋賀県のダム
事業の評価方法を取り入れたもの」と回答があった。

113）　国交省「個別ダムの検証の状況」（令和5年3月末時点）https://www.mlit.go.jp/river/
toukei_chousa/kasen_db/pdf/2023/5-1-8.pdf（2024/09/16確認）。

114）　中止とされた国交省のダム事業は，吾妻川上流総合開発，荒川上流ダム総合開発，
利根川両流ダム群再編，三峰川総合開発（戸草ダム），七滝ダムであった。

115）　丹生ダム。

の関係を論じてきた。国はいずれも基準や考え方を地方政府に示し，地方政府はそれに基づき，終了の検討に入り，国に対して応答した。その応答内容は終了（中止），継続，というものであった。本書の目的は地方政府に国からバトンが渡されてから地方政府が応答するまでの間，いかなるプロセスを経たのかを解明することである。改革はいずれも地方政府にとって終了促進要因になったことがわかったが，改革で国に名挙げされなかった事業も地方政府は終了した可能性があるため，別途検討が必要である。

　なぜ中央政府の改革は地方政府に裁量の余地を残す形で行われたのか。それでもなぜ地方政府にとって終了促進要因となったのか。前者については，表向きは中央政府が各事業を所管する各地方政府の政策選択およびその過程を尊重したようにも見えるが，実際はたとえ，地方政府に裁量の余地を残したとしても，中央政府は，地方政府を中央政府の改革にこれまで通り従う，と考えたからではないか。なぜならここまで検討してきたように河川政策およびダム事業の政策決定過程は中央 - 地方関係で捉えると集権的であるためである。[116]そのため，中央政府は地方政府が自律的な決定を行うことが難しいと考え，引き続き集権的な関係を維持したままの状態であれば，裁量の余地を残したまま決定を地方政府に委ねたのではないだろうか。しかし，その結果はどうだったのか。後者への答えは事例観察で明らかにしていくが，地方政府は中央政府の意図通りに行動したわけではなかった。地方政府は自らが行った政策選択に正統性を与えるために中央政府の改革を戦略的に利用したケースが複数存在していた。つまり，地方政府は中央政府の想定を半ば裏切る形で，政策選択を行い，自らの自律性と多様性を示したと考える。

第3節　ダムができるまで

　本節では河川政策およびそこに位置づけられるダム事業の決定過程をみていく。

---

116)　曽我の定義では，集権的とは地方政府の権限や財源が少なく，中央政府による統制がかけられているため，地方政府が自律的に意思決定を行えない状態だとされる［曽我，2013：226］。

本書の分析枠組みを踏まえて「河川政策やダム事業決定に影響力を持つのは誰か」,「決め方はいかなるものか」を中心に議論を進める。本書の観察対象は「事業終了」であるが,ここではダム事業が決定されていく過程,つまり終了の「逆」とも言える過程はいかなるものかを検討し,終了プロセスを検討する上でのとば口とする。

1 河川政策の決定過程

現在の河川政策は,次のような政策決定の流れになっている。一級河川については国が,二級河川については都道府県が決めるがその政策過程はほぼ共通している。まず河川管理者(国の場合は国交省大臣,都道府県の場合は知事)は,ある河川の整備の基本的な方針を示す「河川整備基本方針」[117]を策定する。「基本方針」は約100年のビジョンを想定し,政策の基本となる河川の基本高水流量,計画高水流量などもここで決められる。[118]

次に河川管理者は「基本方針」で定められたデータをもとに,ダムや河川改修の場所,内容や方法を定めた「河川整備計画」[119]を策定する。「基本方針」と「整備計画」のいずれの策定過程においても,管理者は,専門家や関係自治体の首長の意見を聴くことが義務付けられている。住民の意見については,「整備計画」策定の際,河川管理者が「必要に応じて」と判断した場合に限り,聴取する。「基本方針」では特段の義務付けはない。

この決定過程への批判は多い。まず「政策決定に影響力を持つのは誰か」という観点からみると,住民が意見を述べることが可能なのは,「整備計画」策定時に限られ,それは不十分[政野,2008][若井,2009]とする指摘がある。基本高水流量や計画高水流量など政策設計のもととなるデータは「基本方針」策定段階で決められていて,「整備計画」策定段階で住民が意見を述べても,政策決定に大きな影響を与えることはできないという。また,新川は行政機関が河川管理者を務めることに疑義を持ち,地域住民へ権限の一部移譲を提案している[新川,2008]。武藤も中央集権的な発想で河川の地域的性格を無視してい

---

117) 以下,本書では「河川整備基本方針」を「基本方針」と記載する。
118) いずれも本節2「ダム事業の決定過程」で説明する。
119) 以下,本書では「河川整備計画」を「整備計画」と記載する。

第2章　日本におけるダム事業をめぐる政策と改革

るとした［武藤，1994］。また技術官僚の影響力の大きさも指摘されてきた［藤田，2008］［新藤，2002］。森は河川政策の持つ専門性が住民参加を阻むと指摘した［森，2008］。また，国交省は多くの技術官僚を出向の形で都道府県に送り込んでいて，稲継によると，1996年の中央政府から地方政府への官僚の出向を省庁別にみると，建設省が最も人数が多い［稲継，2000：83-84］。[120]国は地域ごとに出先機関を設け，都道府県の担当部署とも関係を深めてきた。また都道府県の河川事業に対し国が支出する補助金が都道府県の自律性を奪っているという[121]［五十嵐・小川，1997］［森，2008］指摘もある。

　ここまでの検討で，「河川政策やダム事業の決定に影響力を持つのは誰か」という観点で考えると，官僚，特に技術官僚の影響力が強いと言える。また国の力も強い。

2　ダム事業の決定過程

　次にダムとはどのような構造物かを概観し，ダム事業が河川政策に位置づけられるまでの過程を検討する。ここでも本書の論点である「決め方はいかなるものか」に着目しつつ，ダム事業の終了はどの段階でいかにして起きるのかを示す。

　ダムとは河川の水を貯溜することを目的とした高さ15m以上の構造物を指す。[122]大きな役割は次の3つである。洪水の調節を目的とした治水，水道用水や灌漑，発電のための利水，渇水時に河川に適切な分量の水を流すための水の確保，環境保全である。

　ダムを造る際の考え方はおおまかに言うと次のようになる。ある河川について，例えば「200年に1度」「100年に1度」の雨が降っても川から水があふれないように河川の治水目標を定める。「治水安全度」とも呼ばれる。次にこの「200年に1度」「100年に1度」の雨が降った際，河川に流れ込む雨水の最大流量を設定する。この最大流量は基本高水流量と呼ばれる。[123]基本高水流量のう

120）　稲継の指摘は建設省全体を指していて，河川官僚以外も含まれる。

121）　公共事業における中央―地方関係を財政面からとらえた考察は，例えば［井堀，2001］などがある。

122）　河川法第四十四条，15m以下のものは堰と定義されている。

51

図2-5　治水政策におけるダム事業の考え方

ある規模の洪水で河川に流れ込む最大の流量（基本高水流量）	－	河川改修で処理可能な流量（計画高水流量）	＝	ダムで処理可能な流量

ち，堤防や河川改修などで河川から水があふれ出ないよう処理できる水量を算
出し，この水量を基本高水流量からマイナスした残りの分量をダムで全て処理
するとする。つまり，河川政策における治水の基本的な考え方は，基本高水流
量を，まず，堤防や河川改修で処理するとしつつ，その残余の分量を全てダム
に担わせ対応すると考える。

　このいわば引き算でダム事業を決めていく政策過程については，研究者から
も多くの批判が出た。そのほとんどは，当初想定していた以上の雨が降った時
には雨水は河川から溢れるが，溢れた場合の対応は十分にされていない［嘉田
他，2010］というものである。大熊も，ダムによる洪水調節の限界を指摘して
いる［大熊，2007］。今本は，基本高水重視の治水政策を疑問視し［今本，
2009］，梶原は，利根川治水を対象に，基本高水流量の算出方法の科学性にも
疑問を呈した［梶原，2014］。梶原は，利根川水系の治水目標はほぼ達成困難
で，八ツ場ダムなどの多目的ダムは非効率と批判した。またダム完成までに要
する費用と時間を検討し，その非効率性も批判された［五十嵐・小川，1997，
2001］。

　次に，本書はダム事業終了の帰結も観察するため，ダム事業が地域社会や環
境に与える影響の論点もここで触れておく。社会学者らを中心として研究が進
められてきたが，代表的なものは先述の町村らを中心とした佐久間ダムを対象
にした一連の研究がある。植田は，ダム建設で水没する「むら」の存続を願う
人たちが，ダム工事の「早期着工」という一見矛盾するような態度を表明した
実態を示した上で，移転先でむらの姿を取り戻そうとする人々の思いを伝えた
［植田，2016］。ダムが環境に与える影響については漁業へのダメージ［小野，
2010］の他に，ダムへの土砂流入の問題も指摘された［保屋野，2007］［角幡，

123）　「基本高水流量」の説明は第2章脚注39)参照。

124）　計画高水流量が該当する。

125）　「堆砂問題」と呼ばれている。

52

第2章　日本におけるダム事業をめぐる政策と改革

2006〕。

　こういった指摘が示した論点は，ダム事業の建設の妥当性や治水政策全般を
めぐる世論喚起に大きな役割を果たし，社会における公共事業の意義と課題を
明らかにしてきた。住民の河川政策への関心を高め，政策形成過程への参画に
影響を与えたと言える。

　本節の最後に，ダムが完成するまでのおおまかな手順と内容を説明する。ま
ず，河川管理者はダム建設にあたって必要となる条件を確認するための「予備
調査」を行う。平行して地元への説明や地権者との交渉も開始されることが多
い。「予備調査」の結果，問題がなければ，「実施計画調査」と呼ばれる具体的
な実地調査を行う。実施計画調査開始以降，国庫補助金が交付され，事業は採
択される場合が多い。「実施計画調査」が完了すると，「建設工事」へと進む。
用地買収や補償も進められる。水没地域の集落移転が行われる場合もある。工
事用道路の取り付けが進められ，最後にダム本体の建設が着工される。試験的
にダムに水を満杯まで貯める「試験溜水」が行われ，運用が開始される。大型
ダムでは，「予備調査」だけでも約四半世紀を要する場合もあるが，小規模ダ
ムでは，「予備調査」から完成まで数年で進む事業もある。また，小規模ダム
では「予備調査」を行わない場合もある。

　本書が観察した終了したダム事業は，全て「予備調査」あるいは「実施計画
調査」の段階，あるいは「建設工事」に入っていても，用地買収や補償，移転
が行われ，工事用道路の取り付けが行われている段階であった。全国的にみて
も最後の本体工事着工後に終了した事例は1事業しかない。[126]

　なお，ダム事業は，国の事業であっても，直轄事業負担金として都道府県が
費用の一部を負担し，[127]都道府県の事業であっても，国からの補助金が費用の約
2分の1を負担する。ダム事業は財源的にも中央政府と地方政府の関係が非常
に密接である。

　ダムができ上がるまでの過程を図2-6に整理した。

---

126)　2011年に大阪府が終了した槇尾川ダム事業のみ，本体工事が着工された後であった。

127)　直轄事業負担金について，地方政府からみて決定権のない負担〔神野，2010〕と批
　　　判し，大阪府橋下徹知事は国から内訳が示されなかったことを「ぼったくりバーの請
　　　求書」と反発した（朝日新聞，2009年3月27日）。

53

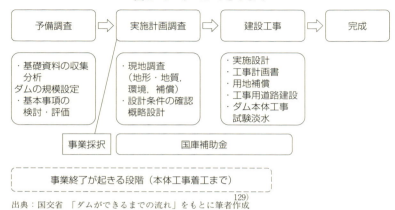

図2-6　ダムができるまで

出典：国交省「ダムができるまでの流れ」をもとに筆者作成[129]

小　括

　本節では，河川政策の形成過程とその中に位置づけられるダムができるまでの流れを検討してきた。政策は専門的な知識が要求される場合もあり，それは住民参加の範疇の狭さに繋がっている。本節冒頭の「河川政策やダム事業決定に影響力を持つのは誰か」という疑問への解答は，官僚，特に技術官僚ということになる。「決め方はいかなるものか」という問いについては，集権的で住民参加の範疇の狭いものである。

　また河川政策の政策決定過程を中央―地方関係の枠組みのうち総合―分立の軸で考えると，分立的であろう[128]。

第4節　まとめ

　本章では，河川政策とダム事業をめぐる歴史とその構造をみてきた。歴史部分では国が主導してきた部分が多く，それに対し住民らが反発してきた。また

---

128)　曽我の定義では，政策ごとに別個の地方行政組織や財源・人材・情報の経路が存在していることを指す［曽我，2013：230］。逆は「総合的」とされる。

129)　国交省「ダムができるまでの流れ」https://www.mlit.go.jp/river/pamphlet_jirei/dam/gaiyou/panf/dam2004/pdf/4.pdf（2024/11/20確認）。

第2章　日本におけるダム事業をめぐる政策と改革

ダム事業の終了は財政規律の制約と無党派知事の登場に代表される地方政治の変動と軌を一にしている。一方，国では，住民の反発に対応するための制度変更や改革が進み，これらは事業の終了促進要因になった。また。中央政府は改革に際し，いずれも一定の基準を地方政府に示しはしたが，その後のプロセスや判断は地方政府に任せている。中央政府からバトンを渡された形の地方政府は，以降，終了への道筋を探るいわば撤退戦の戦略を練ることになる。

　河川政策の構造は集権的で，地方政府にとっては自前で財源，権限，人員を全て調達することが難しい独立性[130]の低いものである。また，技術官僚が政策決定過程に大きな影響力を持ち，住民参加の範疇が狭いという特徴もあった。曽我は，行政への市民参加を検討する際「市民のどの部分が参加するのか」という軸と，「公共政策の形成から実施に至るどの段階で参加するのか」という軸から論じた［曽我，2013：336-337］。それを河川政策にあてはめると，1997年以降も「市民のどの部分を参加するのか」を決めるのは河川管理者であり，「市民の一部」が審議会に代表として参加するケースが多い。また，「どの段階から」という点では，「整備計画」策定の段階からしか参加ができないため，いわば「途中参加」になる。この「途中参加」をした住民が，参加するより前の段階で決められた「隠された情報」があると考え，強い反対運動を起こしたとも言える。

　時代を経るごとに，住民が河川政策への参加する度合いは増し，政策過程もそれに伴い変容してきた。これを踏まえて，バトンを渡された地方政府はいかなる撤退戦を行ったかは，第4章以降の事例調査で記述する。その前に第3章で，ここまでの議論を踏まえて，本書の分析枠組みと議論の進め方を示す。

---

130)　曽我の定義では，「独立性」とは資源調達から組織の姿を捉える概念である［曽我，2016：18］。

第3章　本研究における分析枠組み

本章ではここまでの議論を踏まえて，明らかになっていないことを明らかにするための本書の問いを示し，仮説を導き，観察の範囲や語句の定義を示した上で，これからの議論の進め方を提示する。

第1節　本研究の問い

地方政治研究でも政策過程研究でも論じられてきた3つのテーマ「政策決定に影響力を持つのは誰か」「政策決定のプロセスはどのようなものか」「なぜこの政策は選択されたのか」を，本書で解明を目的としている終了という営為とそのプロセスにあてはめて検討する。

1　終了を主導したのは誰か

「政策決定に影響力を持つのは誰か」は政策終了に置き換えると，1番目の問いは「終了を主導したのは誰か」という問いになる。誰が終了を主導するのかが明らかにならない限り，プロセスの解明はそもそも難しい。政策終了研究の分野では，第1章で検討したように，アクターが終了促進要因として着目されてきていたが，アクターが実際の終了のプロセスにおいて具体的に何を行ったのかを，時系列で明示した研究は多くはない。

砂原は既存事業の廃止や政策分野間の資源配分の変更が行われず，以前に行われた決定が持続する状態を「現状維持点」と指摘する［砂原，2011：58-64］。砂原の指摘に依拠して，終了という政策選択を「現状維持点」からの変更と考えると，問いは「終了に影響力を持つのは誰か」というよりも，「終了を主導したのは誰か」になると考える。政策形成においては「影響力を持つのは誰か」という問いは，政策終了においては「主導するのは誰か」という問いに置き換えられると考える。

本書の観察対象である都道府県営ダム事業は，河川管理者が都道府県知事で

あり，影響を持つのは知事や県職員が想定されるが，地方議会，住民など他の
アクターが主導した可能性も含めて幅広く検討する。問い1の目的は，Who
Governs を問うもので，事実を明らかにすることになる。

2　終了のプロセスはどのようなものか

　第1章の議論では，政策形成過程の研究蓄積の豊かさを示してきたが，一
方，本書では，その逆の過程である政策終了でもプロセスを明らかにすること
は重要と考えている。「政策決定のプロセスはどのようなものか」は，政策終
了に置き換えると「終了のプロセスはどのようなものか」となる。

　政策形成過程を明らかにする研究は，プロセスにおける何らかの規則性や因
果関係の解明を目指し，さまざまなモデルが提示され，多くの議論が行われ
た。その中では，第1章で論じたように形成プロセスは十分に合理的ではな
い，ということもわかってきている。では政策終了のプロセスではどうか。政
策終了のプロセスを明らかにする意義は大きくは2点あると考える。1点目は
そもそも政策終了のプロセスを明らかにした研究はほとんど確認できなかった
こと，2点目は終了プロセスを明らかにできると規則性や因果関係があるの
か，あるいは政策形成過程と同様に合理的ではない部分もあるのか，も示され
ることにある。

　本書では「どのように」を示すためにプロセスを検討する基準となる軸を2
つ設定する。1つは「アクターの広がり」でもう1つは「期間」とする。理由
を次に示す。

1）　アクターの広がり

　「アクターの広がり」という軸は，問い1の「終了を主導したのは誰か」と
は分けて考え，さらに広くとらえて終了プロセスに関与するアクターの集団は
どの範囲か，という点を議論する。終了主導者を中心とした関連アクターの
ネットワークに着目する。例えば，仮に，知事が事業終了を主導したとして
も，知事単独で終了を検討し決定していくことは困難である。終了プロセス
で，登場してくるアクターが「限定されているか」「開放されているか」を分
けて検討を進める。

政策決定過程においても，参画するアクターの広がりに着目する研究は豊富で，政策ネットワークの重要性を指摘したものも多い。伊藤・田中・真渕らは政策ネットワークの概要を「参加者の関係の粗密，開放性もしくは閉鎖性，規模」など［伊藤・田中・真渕，2000：285］，ネットワーク研究者は多様な基準を提供してきたと示した。例えば，Rhodes は政策ネットワークを「政策共同体」と「イシューネットワーク」に分けてその特徴を論じた［Rhodes & Marsh 1992：183］。Rhodes によると，「政策共同体」は参加者の数は少なく，「閉鎖的」で，構成も安定している。一方，「イシューネットワーク」は参加者の数は多く，「開放的」で構成は常に変化しているという。Waarden も，複数のネットワーク類型を提示した［Waarden，1992：39-41］。辻中は，官僚が形成するネットワークを検討する際，参加するアクターを媒介するものが「情報」「資金」「権限」次第で，その形態は異なり，変容していくと考察した［辻中，2000］。

こういった議論を前提に，本書では，アクターの広がりと終了プロセスの関係について，次の２種類で考える。まず１つ目は，終了プロセスに参画したアクターが「限定されている」場合である。限定されたアクターとは本書の場合，終了主導者が終了に向けて最低限，合意を調達しなくてはならないアクター群と考える。都道府県営ダム事業で考えると，知事，県職員，ダム建設予定地の首長，地方議会，事業評価委員会，が該当する。地方議会を含めたのはダム事業には予算措置が必要で，終了にも議会の承認が必要と考えたためである。ここでの地方議会は都道府県議会を指す。また，ダム建設を要望し，建設されるものとして考えてきた予定地の首長からの合意も調達しなくてはならないであろう。また，先述のように，ダム建設は公共事業であり，継続か否かの判断は，事業評価委員会での議論が義務付けられている。ここまでを地方政府が事業を終了するために合意を調達しなくてはならないミニマムアクターと考える。ミニマムアクターのみで終了の検討が進んだ場合，終了プロセスは地方政府からみて「閉じた」ものと考え，本書では「内部型」と名付ける。これはRhodes らの「政策共同体」の特徴が符合する。

一方，２つめは，参画するアクターがもっと「開かれた」場合である。上記ミニマムアクター以外のアクターも巻き込んだ形で終了の検討が進むケースである。例えば，ダム建設予定地の住民，予定地の市町村議会，農業漁業団体や

第 3 章　本研究における分析枠組み

表 3-1　終了プロセスの類型 1 （アクターの広がり）

	終了のプロセスに参画するアクターの広がり
内部型	知事，職員，建設予定地の首長，地方議会，事業評価委員会
外部型	内部型アクターに加えて，建設予定地の住民，建設予定地の市長村議会，地域団体，NPO など

NPO など地域団体などが何らかの形で終了のプロセスに参画し，検討が進む場合である。これらのアクターを本書では包括的に「住民」と考え，本書では「外部型」と名付ける。これは Rhodes らの「イシューネットワーク」の特徴が符合する。表 3-1 に考え方を整理した。

　行政への住民参加を検討するには第 2 章で示した［曽我，2013：336-337］の論点に準じて河川政策の政策過程をみると，終了プロセスに参加する市民は「ワークショップ」「住民集会」などへ不特定多数として自由に参加できるのか，それとも「審議会」「委員会」などへ何らかの方法で選ばれた市民代表として参加するのか，また，ダム事業終了の検討が開始された時点から参加しているのか，あるいは，事業終了決定に何らかの形で参加するのかなどがある。しかし，本書ではこれらを包括して捉え，「市民のどの部分」が参加しても，「どの段階」で参加しても，まとめて「外部型」と考える。

2）期　間

　もう 1 つの軸は「期間」で設定した。プロセスに要した時間が長期間であったか短期間であったか，を観察することで「アクターの広がり」という観点以外からもプロセスは明らかになるものと考える。仮に終了プロセスに紛争や対立がつきものと想定すれば，紛争や対立の調整には一定の「期間」を要するだろう。紛争や対立が全ての終了事例で起きているのか，あるいは起きているとすれば，いかなる形で起きているかも明らかにしたい。そのためには「期間」という軸を用いたい。またアクターが増えれば増えるほど，合意調達に要する時間も膨大になっていくことが想定される。「アクターの広がり」と「期間」という 2 つの軸はプロセスを明らかにするために適していると考える。

　政策終了研究でも「期間」や「時間」が終了の促進要因にも阻害要因にもな

59

表 3 - 2　終了プロセスの類型 2 （期間）

	時　間
短　期	終了検討開始からアクターの合意調達まで 1 年以内で決着した場合
長　期	終了検討開始からアクターの合意調達まで 1 年以上を要した場合

りうると示されている ［Bardach, 1976］［deLeon, 1978］［砂原，2011］［三谷，2020］。

　本書では，終了プロセスの期間が 1 年以内を「短期」， 1 年を超えたものを「長期」，と考える。 1 年で区切ったのは，年度内に地方政府が関連アクターからの合意調達が可能かどうかを重視したためである。事業の継続か否かは予算に大きな影響を与え，予算は単年度ごとに決定される。事業計画の機能について予算措置の重要性は指摘されている ［西尾，1990：224-228］。また，事業評価委員会での議論のサイクルも年度ごとで決められ，委員会のメンバーも一定数が 1 年ごとに交代する。地方政府からみれば，一般的に検討を開始した年度内で議論を終えて結論を出す方向で進めたいと考えるのが普通で，こういった点からも 1 年という区切りが適切だと考えている。

　整理すると，「終了へのアクターからの合意調達が 1 年以内で完了」するのが「短期」，「1 年以上を要する」のが「長期」と考える。

3）　終了プロセスの類型の整理

　ここまでの議論を踏まえて，終了プロセスを観察する際の分析枠組みを整理すると次のようになる。まず終了プロセスの類型は「内部・短期」「内部・長期」「外部・短期」「外部・長期」の 4 類型で考える。

　しかし，全ての終了事例は，この 4 類型にあてはまるのだろうか。アクターが増えるとその分，合意調達に時間を要することが想定される。「現状維持点」からの変更に反対するアクターも出てくるだろう。

　「アクターの広がり」と「時間」は関係していると想定される。であれば終了事例は「内部・短期」か「外部・長期」のいずれかに属し，終了プロセスは 2 類型しか存在しないのではないか。以上の検討から以下の仮説が得られる。

第3章　本研究における分析枠組み

表3-3　終了プロセスの4類型

	住民が参画しない	住民が参画する
期間が1年以内	**内部・短期**	外部・短期
期間が1年以上	内部・長期	**外部・長期**

【仮説1】

　終了のプロセスに住民が参画すると，合意調達が必要なアクターが増えることになり，それに伴い，プロセスに時間を要して1年以上かかるであろう。一方，住民が参画しないと，合意調達が必要なアクターは限定されるため，プロセスは1年以内であろう。そのため，終了プロセスは「内部・短期」「外部・長期」のいずれかの類型に属するであろう。

3　終了のプロセスに影響を与えたものは何か

　次に3番目の問いを提示する。地方政治研究において主要なテーマであった「なぜこの政策は選択されたのか」を政策終了の分野に置き換えると「なぜこのプロセスが選択されたのか」という内容になる。問い3は「終了のプロセスに影響を与えたものは何か」と設定する。問い3は問い1と問い2で解明した事実がなぜそうなったか，つまり原因と結果，因果関係の解明にチャレンジすることを目的とする。問い3に解答するために本書では観察した事例の比較分析を行う。

　プロセスに影響を与えた要因を探ることは，プロセスを従属変数とした場合の独立変数を探ることになる。ここからは独立変数の候補を，政策終了，地方政治，政策過程研究に目を配りつつ検討していく。本書では，「終了主導者」，「国からの影響」，「終了反対アクター」，「進捗」，「分権の進展」をプロセスの規定要因と想定し検討する。仮説を導出した。順にみていく。

1）終了主導者

　「主導者」が重要な論点であることは繰り返し述べてきた通りで，本書でも終了主導者が終了プロセスに与える影響を検討する。例えば，知事が主導する場合は，知事は県域全体を選挙区とする小選挙区制で選出されるため，一般利

61

益を指向するとされる［曽我・待鳥, 2007］。そのため，住民も含んだ広い範囲のアクターに終了への支持を求めることが想定される。一方，職員主導の場合はそういったインセンティブは働かない。反対アクターを抑えるためにアクターの数を減らし，終了プロセスを進めることが想定される。以下の仮説が得られる

【仮説2−1】
　知事主導の場合は，「外部・長期」類型となり，職員主導の場合は，「内部・短期」類型となる。

2）　国からの影響

　中央政府からの自律も地方政治研究では重要な論点であったため，本書でも問いたい。曽我は，中央地方関係を「融合と分離」という関係で捉え，「量」と「質」の2つの観点からの検討が可能とした［曽我, 2013：227-229］。「量」は，地方政府が抱える資源の大小を指し，「質」は地方政府それ自体で意思決定を行っているのか，それとも中央政府の意向に影響を受けながら意思決定を行っているのかと捉えられている。本書における「国からの影響」は，曽我のいう「質」，つまり地方政府が自律的に意思決定を行っているかどうかと捉える。政策終了研究では，砂原は，中央政府が積極的にダム事業を見直すという政策を選択した時期でも，最終的にダム事業が廃止されるかどうかについては，政治的アクターの特徴によって都道府県ごとの違いが現れると示した［砂原, 2011］。では国からの影響は，終了のプロセスをも左右しているのか。この部分は課題としては残されている。

　本書では，「国からの影響」を検討する手順として，まず，地方政府に対して，個別のダム事業の終了が国からの影響を受けたかどうかを確認する。これは，地方政府が終了を決定したダム事業が，軌を一にして実施された国の公共事業改革において名挙げされたかどうかから確認する。次に，名挙げされた事業についても，それを地方政府がどのように認識したのかを確認していく。例えば，地方政府が自律的にある事業の終了検討を進めていて，その後，国の改革でその事業が改革対象として名挙げされた場合，地方政府は終了に際し，国

第3章　本研究における分析枠組み

からの影響が「あった」（終了を国に後押しされた）と認識する事例もあれば，「なかった」（国の名挙げとは無関係に地方政府で終了を進めた）と認識する事例もあるだろう。こういった状況を丁寧に確認していきたい。

　地方政府はある事業の終了に際して，国から名挙げされ，国からの影響が「ある」と認識した場合は，国からの影響を終了促進要因の1つと考え，関連するアクターらへの合意調達にもそれを利用し，プロセスもスムーズに進む可能性がある。逆に国からの影響がないと地方政府は独自に終了のプロセスを進めなくてはならず，関連するアクターへの合意調達に手間取る可能性がある。以下の仮説が得られる。

【仮説2-2】
　国からの影響があると「内部・短期」類型になり，国からの影響がないと「外部・長期」類型になる。

3）　終了反対アクター

　終了反対アクターの強弱も検討する。政策終了研究で終了反対アクターの存在が着目されていることは第1章で検討した。終了反対アクターは，終了するかしないかのみならず，終了プロセスにも影響を与えている可能性がある。また反対アクターは政策過程研究をみても，その強弱が過程に影響を与えていると論じた研究は多い［Tsebelis, 2002=2009］［新川・ボノーリ編，2004］。また，福祉国家の縮減期において反対アクターの存在に着目し，非難回避の戦略が重要になると主張した［Pierson, 2004=2010］［新川・ボノーリ編，2004］。「非難回避の政治」はWeaverによって，①アジェンダの制限，②争点の再定式化（代償政策，積極的な意義付け），③可視性の低下（政策決定者の不透明化，政策効果の低減＝分割），④仲間割れ，⑤超党派などと定義された［Weaver, 1986］。新川らは，福祉政策の拡充を「手柄争いの政治」と位置づけている。また，拒否権プレイヤーが何を選好するのか，規制緩和政策や大統領制，連邦制などにいかなる影響を与えるのかにも着目されている［眞柄・井戸編，2007］。Aldrichは，ダム，原発，空港の立地をめぐる紛争を事例に，主に反対アクターと地方政府の関係性に焦点を当て，脆弱な市民社会しかない地域に対しては，国は強制的な手段

63

に頼り，紛争を決着させようとすると論じた［Aldrich, 2008=2012］。

　ここまでの検討からは，終了反対アクターが強いと合意調達に時間を要し，弱いと合意調達には時間を要しないことが想定される。以下の仮説が得られる。

【仮説2 - 3】
　終了反対アクターが弱いと「内部・短期」類型になり，終了反対アクターが強いと「外部・長期」類型になる[1]。

4）進 捗

　次に本書では，事業の「進捗」が終了プロセスに影響を与えるどうかも検証する。事業は進捗すればするほど，終了の難易度はあがっていくだろう。第1章でサンクコストが考慮されることは検討した。一方，事業が進捗していないと，終了促進要因につながることも想定される。以下の仮説が得られる。

【仮説2 - 4】
　事業が進捗していないと「内部・短期」類型となり，進捗していると「外部・長期」類型になる。

5）分権の進展

　最後の要因として「分権の進展」を検討する。政策終了研究では，「分権」は大きな注目はされてこなかった。しかし政策過程研究を見ると，政策選択の帰結を「分権」から考察した研究は豊富にある（例えば，［木寺, 2012］［朴, 2020］［磯崎, 2023］など）。北山も，福祉国家の発展の流れを分権の文脈から検討し，地方政府が社会福祉政策の形成・実施の過程に携わることで，福祉国家は独自の発展を遂げ，そのプロセスは「正のフィードバック」で補強され，のちの発展経路を決めていったと分析している［北山, 2011］。

　1）　本研究ではダム事業の終了を扱うため，以降，特に断りがない限り，本文中では「終了反対アクター」を「反対アクター」と記載する。しかし，事業の推進を検討する際の反対アクターはもちろんこの限りではない。

第3章　本研究における分析枠組み

　本書では「分権の進展」を検討する際，終了検討開始が2001年の前後で「分権進展前」「分権進展後」と分類した。2000年の地方分権一括法の施行以降，地方政府の中央政府からの自律性が政策終了において高まったかどうかを観察したい。分権改革は，権限移譲と補助金削減をセットにして地方政府の裁量を拡大させる方向で進められてきた［砂原，2011］。政治の変動が政策変動につながるには一定のタイムラグが想定されるため［曽我・待鳥，2007］，施行年の2000年4月ではなく，2001年4月1日を基準とした。「分権の進展」で，地方政府の裁量が拡大することに伴い，地方政府は「事業終了」という自らの政策選択に正統性を持たせるため，周辺住民と協議した上で進めようとし，その分，合意調達にも時間を要し，終了プロセスは長期化すると想定される。以下の仮説が得られる。

【仮説2-5】

　「分権進展前」に終了検討が開始されると，「内部・短期」類型となり，「分権進展後」に終了検討が開始されると「外部・長期」類型となる。

　本書が導いた仮説は以上である。なお，【仮説2-1】から【仮説2-5】はいずれも排他的なものではない。つまり同時に成立することがありうる。その場合，どちらの仮説がより強く支持されるのかの検証も行いたい。これはどちらの要因がより優先されるのかを検討することにつながる。事例観察および検証の結果をもって追って改めて検討する。

　ここで改めて，本研究の3つの問いを整理し図3-1に示した。

4　相互参照

　最後に事業終了の際の相互参照の存在の有無についても検討したい。先行研究では，自治体がある政策を導入する際，先にその政策を導入した他の自治体の状況を参照することが明らかになっているためである［伊藤，2002，2006］。伊藤は都道府県の4つの条例を対象にその制定過程などを事例に自治体間同士

───────────────

　2）　地方自治法など複数の法律について一括で必要な改正を行うことを定めた法律。地方分権を推進することを目的とする。

65

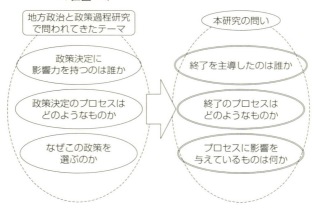

図3-1　地方政治研究と政策過程研究における本研究の問いの位置づけ

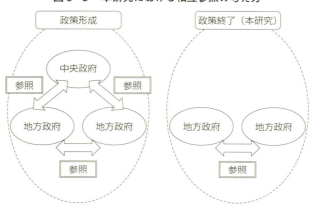

図3-2　本研究における相互参照の考え方

出典：[伊藤, 2002, 2006] をもとに筆者作成

の相互参照メカニズムを明らかにした。この相互参照は形成とは逆方向である終了の場合にも起こりうるのだろうか。終了は形成より事例が少なく，難易度も高いことが想定されるため，相互参照のインセンティブが働くことが予想される。考え方を図3-2に整理した。

第2節　本研究の観察対象

1　観察対象

　本書の観察対象は都道府県営のダム事業で，地方政治研究に各事業の終了プロセスの検討を位置づけることを目指している。県営ダム事業の終了は，deLeonの考え方に依拠し，機能，組織，政策，プログラムの終了のうち，最後のプログラムの終了と位置づける［deLeon, 1978］。うちプログラムは「最も終了が容易」とされ，先の「終了事例が少ない」［deLeon, 1978］という課題を克服できると考えたためである。deLeonの考え方を本書にあてはめると「政策」とは治水・利水政策が該当し，「機能」とは生命や財産，安全な生活を守るという政策目標に近い概念を指すと位置づける。図3-3に本書の考え方を整理した。

2　観察期間

　観察対象とする期間は1997～2016年までとした。始点を1997年とした理由は次の2点である。1点目は，第2章で検討した通り，国の本格的な公共事業改革が初めて実施されたのが1997年の「ダム事業の総点検」であったためである。問い3の「終了のプロセスに影響を与えたものは何か」において「国からの影響」要因を観察するためには，国の改革が行われた時期を対象とするのが適切であろう。2点目は，こちらも第2章で検討した通り，この時期に事業評価制度が多くの地方政府でも導入されたためである。この年に多くの地方政府で終了へ制度的な道筋がついた。これ以前は終了事例がほとんど存在していない。さらに同年，河川法が改正され「住民参加」という概念が盛り込まれたこともあり，それらが各自治体にどのような影響を与えたのかも観察したい。2016年までとしたのは，本書のもととなる研究（博士取得論文：2017年9月提出）が2016年までを観察対象としていたためである。

　また，事業の終了決定時期を，地方政府が「中止」と発表した時点とする。
　第2章で示したように，いったん地方政府が「中止」と発表した後に，「再

　3）　市町村営ダムの終了事例は管見の限り確認されなかった。

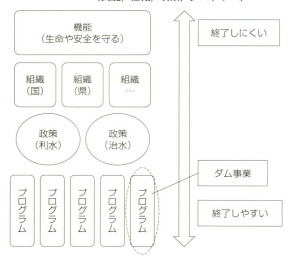

図3-3　本研究の観察対象の考え方1
（機能，組織，政策，プログラム）

出典：[deLeon, 1998] をもとに筆者作成

開」したダム事業はほとんど存在しなかったため，本書では，地方政府のいう「中止」を「終了」と考えた[4][5]。

　終了プロセスは，地方政府が終了検討を開始して以降，終了を決定した時点までとする。仮に終了の代替策として地域振興計画等が作成された場合は，その内容について地方政府と住民との間で合意が完了した時点までとする。代替策が存在しなかった場合や代替策への合意が終了決定と同時であった場合は，終了決定までとする。代替策は終了の帰結になり，代替策を観察することは，終了を独立変数として捉え，その影響も観察することになる。考え方を図3-4に整理した。

---

[4]　再評価委員会の答申をはじめとして何らかの引用に近い記述を行った場合は，原文をそのまま生かし，「中止」と記載する。

[5]　「復活」した事業は1事例確認された。長野県営浅川ダム事業が該当する。当時の田中康夫知事が凍結したが，その後，後任の知事が事業を再開し，2017年3月に運用開始。https://www.pref.nagano.lg.jp/kasen/infra/kasen/keikaku/documents/asakawakentou.pdf（2024/10/22確認）。

図3-4　本研究の観察対象の考え方2
（終了プロセスの期間）

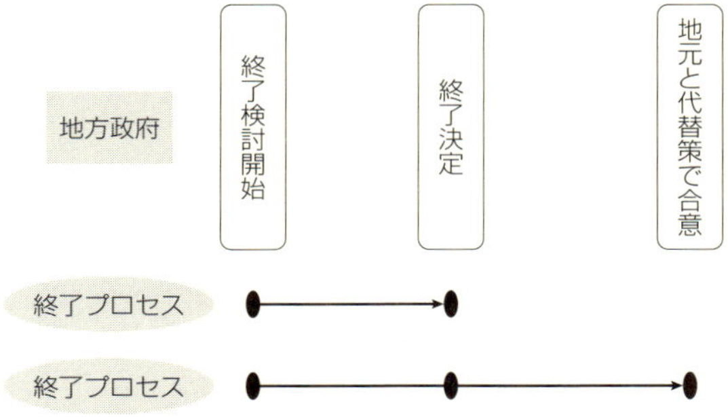

地方政府　｜　終了検討開始　｜　終了決定　｜　地元と代替策で合意

終了プロセス　●————→●

終了プロセス　●————●————●

3　語句の定義

　本書では「終了」の定義を地方政府が1つのダム事業を「中止」と発表した時点で終了したと考える。また，本研究は終了の定義を Hogwood が提示した「代替となる政策などが用意されることなく，既存の政策，プログラム，あるいは組織が廃止されること」［Hogwood & Peters, 1982］には依拠しない。理由は先述の通り，治水・利水などの政策は残っているはずで，ダム事業の代替策を地方政府が準備していることが想定されるためである。また，本研究は，終了のプロセスを観察することが目的であるため，政策終了を Brewer の定義に基づき政策過程の1つ［Brewer, 1974］として考える。

　ここまでは，本書のテーマに関連した先行研究の流れとそこから明らかになったこと，まだ明らかにされていないことを検討してきた。その上で，本書の分析視角も提示した。

第3節　本研究の議論の進め方

　本節では議論の進め方を示す。まず，本研究では定性的手法で進めることとその理由を説明し，調査方法などを検討する。次に事例選択の考え方を示す。事例は，青森，岩手，新潟，鳥取，滋賀，の計5県の調査を行うこととし，各県で終了した個別事業を観察し，本研究の問いに沿って比較を行うことを示す。

69

1　本研究の手法

1）　結果の理由を問う

　本研究は定性研究の手法を取る。具体的には，終了事例の観察を通じて，終了のプロセスへ影響を与えた要因を探求する。これは要因が複数あることを前提に，要因の組み合わせから結果がなぜこうなったのかの理由を説明しようとするもので，定性的研究が適している［Goertz & Mahoney, 2012=2015］。個別の事例で生じた結果について，包括的な説明を示し，因果関係の解明を目指したい。こういった目的のために定性研究を採用した研究は多くあるが，例えば，Moore は近代への経路は変数の組みあわせによって３つのプロセスがあり，どの国がどの経路をたどるかについて主に６カ国を事例に解明した［Moore, 1966=1986］。また，Acemoglu と Robinson は経済格差が高い水準にある国々ほど軍事政変が起こりやすいという因果関係を導きだした［Acemoglu & Robinson, 2012=2013］。こういった方法は定性的研究において標準的で自然とされている［Goertz & Mahoney, 2012=2015］。

　本研究では，終了があるプロセスをたどったことの説明と別のプロセスをたどったことの説明が，正反対の要因群によるとは限らない，つまり要因の非対称があるのではないかと考えている。Goertz らはこのような要因間の組み合わせがもたらす因果効果を分析する上では，定性研究に強みがあると指摘している。そのため，従属変数を Y，独立変数を X と考え，表を作成した場合，「空白」となったセル，つまり事例が存在しないセルの存在にも注目していく。事例が存在しないセルがあればそこから何かを導きだせないかを試みるが，これも定性研究ならではの強みが生かしやすいところである。

2）　調査の手法

　本研究では，事例観察と比較分析を組み合わせた形とした。問い１の「終了を主導したのは誰か」と問い２の「終了のプロセスはどのようなものか」は，事実はどうであったかの解明を目的とする。そのために個別ダム事業の終了の経緯を調べる必要があり，事例観察を行い，その内容を検討する。問い３の「プロセスを規定しているものは何か」は問い１と問い２で明らかにされた実態の説明と因果メカニズムの解明を目的としている。事例観察の結果を踏まえ

第3章　本研究における分析枠組み

て，ダム事業や都道府県を単位とした比較分析を行い，その結果の説明を行う。

　本研究の内容は主に文献資料と関係者へのヒアリングで構成される。文献資料は基礎的なデータと経緯を把握するために使用し，ヒアリングは文献資料には記載されていない部分を補完し，本研究に必要な内容を明らかにするために各都道府県庁に赴いた。ヒアリングは主に「半構造式」で「アクティブインタビュー[6]」の形で行った。ヒアリングは終了検討開始から住民からの合意調達が完了するまでの間，職員らが何を考え，その結果として，いかなる行動をとったのかを明らかにする。また当時の地方政府をめぐる現場の雰囲気もなるべく吸い上げるようにした。また，河川政策を担当する部署の庁内での位置づけ，技術系職員らと知事らを始めとした庁内外含めた他のアクターとの関係性も探る。こういったことは文献資料には十分記載されておらず，ヒアリングのみで明らかになる。事例観察の後は比較分析が必要であるため，あらかじめヒアリング先に送った質問項目は同一にするよう心掛けたが，事前の文献資料等で明らかに個別性がある特徴が見出された場合は，その部分も質問項目に加えてヒアリングで聞くようにした。また現在の担当者らが過去の状況を十分把握していない場合はOBの紹介を依頼し，必要に応じてヒアリングを行った。

　本研究において行った調査を記述する際には，なるべく客観的叙述を行うようにした。例えば，第**4・5**章の事例観察においては，いわゆる「小説」のような記載を行うことも可能であったかもしれないが[7]，本研究は歴史的視点からみると観察期間が比較的短く[8]，特定の人物に焦点をあてた形でプロセスを明らかにするものではないため，難しいと考えた。また，いずれの事例でもいわゆる「スーパー官僚」のような人物が終了を引っ張ったようなケースは見当たら

───────────

6）　インタビューの形式は［岸・石岡・丸山，2016］［谷・芦田編，2009］［谷・山本編，2010］らに依拠した。

7）　「小説」に近い論述がみられる研究としては，例えば大嶽や上川が挙げられよう。上川は4人の総裁を通じて，日本銀行の金融政策決定の軌跡を描き［上川，2014］，大嶽は日米繊維交渉をめぐって通産省，財界，業界それぞれを主人公として行動を観察し，その機能的関係を描き［大嶽，1996］，いずれも傑作である。

8）　10年以上の観察期間を設定し，1つの省庁の官僚の行動を政治との関係から分析した研究は，例えば加藤や牧原の大蔵省の研究がある［加藤，1997］［牧原，2003］。

71

なかった。そのためある終了に関連した職員らはいわば集団として捉え，集団としての考えや意思決定を第3者が観察した形で記述するよう心掛けた。ヒアリング対象者のいわゆる「語り」部分についてもそのまま記載するのではなく，関連した部分のみに絞った。

2　事例選択の考え方
1)　全国の都道府県で終了したダム事業

　本書では観察対象を選択する際，全国の都道府県の中で1997～2016年までの間，終了が決定した県営ダム事業を確認した[9]。2016年3月末時点で，筆者が把握できた終了事業を表3-4にまとめた。管見の限りでは，約120事業が終了していた[10]。最も終了事業数が多かったのは，新潟県の9事業で，続いて富山の8事業，長野，熊本の7事業となる。終了事例が確認できなかったのは，東京，神奈川，福井，岐阜，島根，大分，鹿児島，であった。

　終了決定時期をみると，時期には大きな波があることがわかる。1997・1998年頃，2000・2001年頃，2010・2011年頃，である。この3つの時期に事業は多く終了している。いずれも国の3度の公共事業改革があった時期と符合し，それらとの関係も推測される。

　地域別の特徴をみたが，大きな傾向はみられなかった。各都道府県で個別に終了が行われているようにもみえる。次に事例を選択するが，これは本研究の3つの問いに沿って検討する。

---

9)　最初に調べたのは2013年4月で，最終確認を2025年2月に行った。

10)　2000年度以降については，以下のサイトで「中止」とされた事業のうち，都道府県営ダム事業を抽出した。国交省「公共事業の評価　これまでの評価結果」https://www.mlit.go.jp/tec/hyouka/public/09_public_04.html（2025年2月14日最終確認）。

　　1999年度以前は，各都道府県のオフィシャルサイトで中止事業として掲載されていたものを抽出した。また各都道府県のオフィシャルサイトに記載はされていないが，主要新聞各紙で中止事業として報道されていた事業は加えた。さらに，「答弁書第1号，内閣参質141第1号，平成9年11月14日，参議院議員竹村泰子氏への橋本龍太郎内閣総理大臣の答弁書」も参考にした。終了決定年が―となっている事業は，終了決定年が把握できていないことを意味する。

表3-4　都道府県の主なダム事業終了事例一覧

都道府県	終了事業数	ダム名	終了決定年	都道府県	終了事業数	ダム名	終了決定年	都道府県	終了事業数	ダム名	終了決定年	都道府県	終了事業数	ダム名	終了決定年
北海道	3	トマム	1997	富山	8	早月川	—	鳥取	1	中部	2000	福岡	3	寒田	2000
		白老	1997			赤江川	—	島根	0	※該当事例なし				山神	2000
		松倉	2000			八代仙	1997	岡山	3	佐伏川	—			清瀧	2005
青森	4	磯崎	2003			片貝川	2000			大原川	2002	佐賀	1	有田川	2013
		中村	2005			池川	2000			大谷川	2011	長崎	4	梅津	—
		大和沢	2010			百瀬	2001	広島	1	関川	2000			轟	2000
		奥戸	2011			黒川	2002	山口	3	竹尾	2000			雪浦第二	2010
岩手	5	明戸	1997			湯道丸	2002			木屋川	2000			村松	2007
		日野沢	1997	石川	3	伊久留川	1996			西万倉	2004	熊本	7	七ツ割	—
		北本内	2000			河内	1998	徳島	4	相坂	2001			赤木	2000
		黒沢	2000			所司原	1998			黒谷	2001			荒瀬	2002
		津付	2014	福井	0	※該当事例なし				宮川内谷川	2001			高浜	2003
宮城	3	丸森	1998	山梨	2	芦川	2000			柴川	2012			釈迦院	2003
		新月	2000			笹川	2001	香川	1	多治川	2000			姫戸	2006
		筒砂子	2013	長野	7	大仏	2000	愛媛	2	浦山	2002			五木	2012
秋田	2	長木	2000			清川	2005			中山川	2002	大分	0	※該当事例なし	
		真木	2005			下諏訪	2005	高知	2	田野	—	宮崎	2	手洗	2000
山形	1	乱川	1998			蓼科	2008			仁井田	1997			吹山	2006
福島	5	水原	1996			郷士沢	2008					鹿児島	0	※該当事例なし	
		久慈川	2000			黒沢	2012					沖縄	5	満名	1997
		外面	2001			駒沢	2012							アザカ	2000
		新田川	2003	岐阜	0	※該当事例なし								渡嘉敷	2000
		今出	2007	静岡	4	北松野	2000							白水	2000
茨城	2	緒川	2000			布沢川	2013							タイ原	2012
		大谷原川	2002	愛知	1	男川	2007								
栃木	2	東大芦川	2003	三重	5	大村川	2000								
		大室	2006			桂畑	2000								
群馬	3	雄川	2001			桂畑	2000								
		倉渕	2014			片川	2001								
		増田川	2014			伊勢路川	2002								
埼玉	2	大野	2000	滋賀	3	芹谷	2009								
		小森川	2000			北川第一	2012								
千葉	2	迫原	2000			北川第二	2012								
		大多喜	2011	京都	2	南丹	2002								
東京	0	※該当事例なし				福田川	2004								
神奈川	0	※該当事例なし		大阪	1	横尾川	2010								
新潟	9	芋川	1997	兵庫	3	丹南	2000								
		羽茂川	2000			八鹿	2006								
		中野川	2000			武庫川	2011								
		正善寺	2000	奈良	1	飛鳥	2000								
		入川	2002	和歌山	1	美里	2001								
		三用川	2003												
		佐梨川	2003												
		常浪川	2012												
		晒川	2012												

出典：筆者作成，作成方法は第3章脚注10に基づいた

2） 事例の抽出

　次に，具体的な事例の抽出を行う。まず1番目の問い「終了を主導したのは誰か」を検討する際，候補となるのは，知事，官僚，地方議会，住民などであった。知事が主導している場合は，いわゆる「改革派」と呼ばれた知事が該当しそうである。「改革派」と呼ばれた知事は無党派の場合が多く，財政再建に積極的である［曽我・待鳥，2007］。こういった知事が率いている地方政府は財政規律を高めるために事業終了にも積極的である可能性が高い。本書の観察期間内に，改革派知事が一定期間でも在任していたのは，増田知事の岩手県，田中知事の長野県，嘉田知事の滋賀県，片山知事の鳥取県などが該当する[11]。このうち，「脱ダム宣言」を出して，知事が主導したことが明らかな長野県は事例から除いた。報道等で横尾川ダム事業の終了を橋下知事が主導した可能性が高いことが想定される大阪府も除いた。既に本研究の問いに対する結果が明らかである事例を選択することをなるべく避けるためである［Goertz & Mahoney, 2012=2015］。職員が終了を主導した県は事例選択した時点ではよくはわからなかった。しかし，新潟は終了した事業数が全国で最も多い。最初の終了事例と最後の終了事例の間に知事が平山知事から泉田知事に交代している。行政の継続性という点からは知事ではなく職員が主導した可能性もある[12]。

　次に地方議会が終了を主導した可能性があるのは地方議会が知事とは異なる独自の選好を持っている場合が想定される［砂原，2011］。知事と地方議会が異なる政策選好を持っていたのは滋賀である。住民が主導した可能性があるのは，ダム事業への反対が強かった県であろう。多くのダム事業には一定の反対アクターが存在することが想定されるが，ダム建設反対アクターについては，新聞報道等では，滋賀，岩手，青森で反対アクターが存在した事例があった。

　次に問い2についてである。仮説1は事例の過程分析を行うことで一定程度，明らかになるはずで，事例の選択には影響しないと考え，ここでは省いて考えた。【仮説2-1】については，問い1に重なるため，滋賀と鳥取が該当する。しかし，知事のみに限らず，官僚，地方議会，住民などが果たした役割も

11）　各知事の政治的選好などは選択した事例については次章以降に叙述する。

12）　先述の通り，当初は終了した事業数が多いことと期間中に知事が交代していたこと新潟県と同様の理由で熊本県も事例に加えていた。

幅広く検討を行う。

【仮説2-2】については，国からの影響を受けたことが想定される事業とそうでない事業を比較する必要がある。まず，前者については，新潟が終了した全9事業は全て3度の国の改革で名前が挙がっている。あと同様の状況にあるのは青森で，青森でも終了した全事業が国の改革で名前が挙がっているため，観察対象に加える。国からの影響を受けていないことが想定される県は，滋賀，岩手で，終了した事業の中には，国の改革に名前が挙がっていないダムが含まれていた。県が自律的に終了したことも想定される。これらを比較することで国からの影響の有無がプロセスに影響を与えたかどうかの観察が可能であると考えた。

【仮説2-3】については，住民が終了に強い反対したかどうかはよくわからなかったため，建設予定地の首長らが事業終了に強い反対をした都道府県を対象に検討した。ダム建設予定地の地元首長や地元議会が終了のプロセスで強く反対したダム事業は滋賀，岩手，新潟に存在していた。なお，青森と鳥取が終了した事業は，地元に強い反対があったかどうかはこの時点ではわからなかった。これら5県を比較することで，終了反対アクターの強弱がプロセスに影響を与えたかどうかの観察が可能であると考えた。

【仮説2-4】については，進捗している事業と進捗していない事業を比較する必要がある。鳥取で終了した事業は進捗していなかった。滋賀，岩手，新潟，青森で終了した事業は進捗していた事業としていなかった事業が混在していた。これら5県を比較することで，進捗の相違がプロセスに影響を与えたかどうかの観察が可能であると考えた。

【仮説2-5】については，終了検討開始時期が異なる事業を比較する必要がある。終了検討開始が分権進展前であったのが鳥取，進展後であったのは青森と滋賀，進展前と進展後が混在していたのが岩手と新潟であった。これらの5県を比較することで分権の進展がプロセスに影響を与えたかどうかを観察することが可能と考えた。なお，終了検討開始時期についてはどの都道府県も公表はしていなかったため，これはヒアリングで確認することとした。

また仮説での検証は行わないが相互参照については，岩手で複数のダム事業が終了した数年後に青森では終了が始まっていた。岩手・青森・秋田は北東北

3県で技術系職員を含む人事交流が行われていた。[13] 知事同士も交流があり「北東北知事サミット」という知事同士の情報交換の場も設けられている。[14] 知事も職員もそれぞれに交流と情報交換が行われていて，終了のプロセスについて岩手のケースを青森が参照していた可能性がある。また，鳥取と滋賀もいずれも改革派知事同士であるため，交流があったことも想定され，終了をめぐるプロセスが報道されたことを鑑みると，鳥取のケースを滋賀が参照した可能性があると考えた。

　なお，岩手，新潟については1990年代後半に終了した事業が複数あることは県のオフィシャルウェブサイトや新聞記事等からわかったが，事例選択の時点では経緯はほとんどよくわからなかった。これらの事業についてはヒアリングと情報公開請求で可能な限り補うこととした。

　次にヒアリングの方法について示す。都道府県に電話して担当部署を特定し，ヒアリングの趣旨と依頼文書を送る旨を伝えた。謝絶された都道府県はなかった。その後，質問項目を送付した。ヒアリング前にあらかじめ回答内容を文書で送付してもらった場合もある。公開されていない資料の提供依頼などはこの時点で行った。ヒアリングに応接する担当者の選定は質問項目に応じて都道府県側が行った。通常は複数の担当者が対応した。こちらから指定はしなかったものの，全ての都道府県で河川政策を所管する部署の担当者が対応し，それ以外の部署（例えば，事業評価を所管する部署や財政を所管する部署）の担当者が対応したことはなかった。ヒアリングは通常平日の午後に県庁内の指定された会議室で行い，1回のヒアリングに要した時間は数時間であった（ただしOBへのヒアリングはこの限りではなく，ヒアリング先が指定した場所で行った）。1つの都道府県に対してヒアリングは数カ月ないしは1年の期間をおいて複数回行った。これは調査を進める上で，追加で明らかにしたい事項や改めて確認が必要な事項が出てきたためである。

　またヒアリングを行ったが，原稿内で論述しなかった県もある。その理由

---

13) 2001年度から開始され，2007年度までで3県の合計で113人が交流した（朝日新聞，2008年2月19日）。

14) 1997年にスタートし，2001年に北海道も参加し，「北海道・東北北知事サミット」と改称され，2016年度で20回目を迎えた（朝日新聞，2015年11月19日）。

第 3 章　本研究における分析枠組み

は，県が所持する本研究に関連する資料等が十分でなく，本研究に必要な過程追跡ができなかったためである。[15)]

　各都道府県におけるヒアリング日時と対応した担当者の所属部署名や役職名等（いずれも当時）は本書末尾にまとめて記載した。なお，本研究のヒアリングが10年以上の長期間に渡ったため，全てのヒアリング先で担当者の人事異動があった。所属先が変わっても，当時のことをよく知るとして同じ人物が応接した場合もあるが，県によっては担当者の引継ぎが行われた。

　また，都道府県ごとに取得可能であった文献資料の種類と内容は異なる。また，ヒアリングで得られた内容も量と質ともに異なっている。これは県の公式記録に十分な議論の経緯が残っていない事例があり，県のオフィシャルウェブサイトに終了が公開されていない事例もあったためである。その場合には経過把握の大半をヒアリングに依拠した。1997年以降の事例であるにもかかわらず，資料が残っていない理由は，資料保存の適否以外に，地方政府にとって事業終了は誇るべきことではないとする考え方があるからではないかと考えている。これは「終了というのは否定的な意味を持ち，それが研究につながりにくかった」[deLeon, 1978] という指摘から推測した。そのため，各県ごとに記述内容に若干の差異が生じている。具体的には，ある県で書かれている事項が他の県では触れられていない場合もある。しかしそうであっても，本書の 3 つの問いに対する解答とそこから導出した結果に変わりはない。

　第 4 章，第 5 章では事例の観察を行う。

---

15)　熊本県にはヒアリングは行ったものの，本研究には事例として取り上げなかった。熊本県は計 7 事業を終了していたが，資料が十分に残っておらず，本研究が必要とする個別事業の終了の経緯を明らかにできなかったためである。

第4章　知事主導による終了事例

　本章では，鳥取と滋賀といういずれも「改革派[1]」とされる知事が地方政府を率いていた時期にダム事業終了があった事例を検討する。終了の時系列に沿って，鳥取，滋賀の順に論じる。結論を先に簡単に述べると，まず鳥取では，終了を主導したのは知事であった。片山善博知事[2]の政策選好は財政規律の保持にあり，就任直後から公共事業全般の見直しを行い，ダム事業終了もその一環として進められた。知事は終了プロセスに直接関与し，自らが職員に指示をしていたことがわかった。滋賀も終了を主導していたのは知事であった。嘉田由紀子知事[3]はダム事業終了を明確な政策選好として有しており，就任直後から「流域治水」という自らの政策アイディアをもとに，終了プロセスを主導した。嘉田知事の政策選好を実現するため，職員らは「2段階整備」という政策アイディアを示し，この両者のアイディアの相互作用の中で終了検討は進んだ。また知事主導で，組織編成と予算と人事の面でも事業終了を促進できるような変更が行われた。

　知事が終了を主導したいずれの事業でも，終了プロセスに住民が参加していた。終了検討開始から終了決定までに要した時間に比べて，終了決定から予定地の住民からの合意調達が完了する方が長い時間を要した。知事にとっては地方政府内よりも地方政府外の合意を取る方が困難だったことになる。両県で知事が主導した場合は全事例で「外部・長期」類型となった。

1）　特段の定義はないが，1990年代後半以降，メディア等で使われだした。多くは無党派で初当選し，その後，財政規律の保持をはじめとする行政改革に積極的であった知事らを指す（朝日新聞，1998年11月8日，1998年11月15日他）。

2）　元自治省課長，1999年に知事に初当選（自民党が擁立，民主・公明・自由・社民が相乗りで推薦や支持を表明した），2003年無投票で再選，2期務めた。2010年から総務大臣を務めた（朝日新聞，1999年4月12日，朝日新聞，2003年3月28日他）。

3）　環境社会学者，2006年に自民・民主・公明の推薦を受けた現職を破って初当選。東海道新幹線の新駅中止を公約に掲げ，無党派層の支持を集めた。2014年まで2期務めた（朝日新聞，2006年7月3日）。

第 4 章　知事主導による終了事例

表 4-1-1　[鳥取県] 終了したダム事業

ダム名	終了決定	総貯水量
中部	2000年 4 月	620万 m³

出典：県提供資料等をもとに筆者作成

図 4-1-1　[鳥取県] 終了したダムの場所

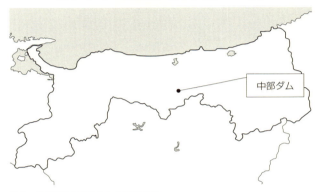

出典：県提供資料等をもとに筆者作成

第 1 節　鳥取県

　鳥取県は2000年 4 月に中部ダムの終了を決定した。中部ダム事業の終了のプロセスを観察し，明らかになったことを論じる。鳥取県が終了したダム事業は中部ダム 1 事業のみである。中部ダム事業の基礎データを表 4-1-1 に示した。
　中部ダムは，一級河川天神川水系の支流の治水とその下流に位置する倉吉市，北条町，羽合町への利水のために，県が三朝町に計画したダムである［鳥取県・三朝町，2006］。位置を図 4-1-1 に示す。

1　終了決定まで
　県は1973年に中部ダム事業の予備調査に先立つ地質調査を開始した。しか

---
4 ）　鳥取県中央の山間部にあり，人口約6,000人。「三朝町勢要覧」https://www.town.misasa.tottori.jp/files/59868.pdf（2024/09/01確認）。

79

し，予定地に建設反対運動があったため，地元の三朝町と予備調査の覚書を締結するのに15年以上を要した。予定地に13あった集落のうち，ダム建設に賛成した集落はゼロであった［鳥取県・三朝町編，2006］。1993年に県は実施計画調査を開始したが，1997年に利水に参画していた北条町が，事業への費用負担が多額，かつ他に水源が確保できたとして，ダムの利水事業から撤退した。この年，中部ダム事業は国の「ダム事業の総点検」の対象となったが，この時点で県は「継続」と決めた。この年に，倉吉市と羽合町も利水需要の減少を県に報告した。1998年，県は「公共事業再評価委員会」に中部ダム事業を諮問した。この年に県は事務事業評価制度を導入した。県は，委員会に「ダムと代替案を比較した結果，ダムが最も経済的」と示していた。しかし，委員らは「（ダムの）代替案についての資料が不足しているため，ダムが最適とは判断しがたい」，「委員会の下に，大学の先生やコンサルタントのエンジニア等からなるワーキングのようなものをつくり，県とは異なった観点から調査を行う必要がある」とし，議論は当初の県の想定とは異なる方向に進んでいた。

　その翌年の1999年4月に知事が交代する。任期満了を迎えた西尾邑次知事の後継として，元自治省課長の片山善博氏が初当選した。片山知事は行財政改革に力を入れる。歳入面では文化会館や運動公園のネーミングライツを募集し，県が保有する未利用施設の売却を進めた。歳出面では職員の期末手当や給与の

5）　鳥取県担当者へのヒアリング（2015年3月）。以下本書における各県担当者へのヒアリングは，それぞれの節において，基本的に県担当者へのヒアリングとのみ記載する。また，本書における各県へのヒアリング詳細は末尾に全て記載した。

6）　北条町は，2005年10月に大栄町と合併し，北栄町となった。鳥取県，「県内の市町村」http://www.pref.tottori.lg.jp/9577.htm（2024/09/01確認）。

7）　県提供資料，「中部ダムの概要」p. 2。

8）　同上。

9）　羽合町は，2004年10月に泊村，東郷町と合併し，湯梨浜町となった。鳥取県「県内の市町村」http://www.pref.tottori.lg.jp/9577.htm（2024/09/01確認）。

10）　この時の「公共事業再評価委員会」では，中部ダム事業以外の60事業も検討された。いずれも「継続」とされた。以下「委員会」と記載する。

11）　鳥取県「第5回鳥取県公共事業再評価委員会会議録」（平成10年12月4日）p. 5。

12）　同上。

13）　同上，p. 6。

14）　朝日新聞，1999年4月12日。

第 4 章　知事主導による終了事例

引き下げ，定数も削減した[16]。大規模プロジェクトの見直しも進めた。砂丘博物館の建設（想定事業費約50億円）をとりやめ，かに博物館（同30〜40億円）の規模縮小（同 9 億円），県立美術館（同80億円）計画の再検討，議会棟建替え（同42-55億円）がとりやめとなった[17]。知事の政策選好は財政規律の保持にあることは職員らにすぐ浸透した。「知事は公共事業のあり方そのものを見直すというスタンスだった。知事就任以降，庁内の雰囲気は一気に変わった。予算の考え方が厳しくなったのがすぐわかった。知事就任までは事業の必要性はいわば無頓着であったが，そうではなくなった」という[18]。「いろんな事業の中止は当たり前」と庁内では捉えられるようになった[19]。

知事就任の翌月，中部ダム事業には「専門部会」が設置され[20]，ダムと河川改修の 2 案を比較することになった[21]。そこでは，ダム予定地の地形・地質が「全く問題がないとは言えない」「事業費を相当高額化させるのは必至」と指摘された[22]。

当初，ダム事業費は140億円，河川改修147億円と「ダムの方が河川改修より安上がり」と試算されていた[23]。しかし，片山知事は就任直後に「今，正直に言えば，過去は問わない」と担当部長を呼び出しささやいたという[24]。職員らは費用を精査した。県は2000年 3 月に見直し結果を公表し「ダム建設230億円，河

---

15)　鳥取県「財政課，大規模プロジェクトの見直し」http://www.pref.tottori.lg.jp/88862. htm（2017年 4 月30日確認）2024/09/05の確認では上記 URL は閲覧できなかった。以下の 2 つも同様。

16)　鳥取県「業務効率推進課，給与制度の見直し」http://www.pref.tottori.lg.jp/105306. htm（2017年 4 月30日確認）。

17)　鳥取県「業務効率推進課，大規模プロジェクトの着手見直し」http://www.pref.tottori. lg.jp/105304.htm（2017年 4 月30日確認）。

18)　県担当者へのヒアリング（2014年 6 月）。

19)　同上。

20)　正式名称は「中部ダム事業調査専門部会」。鳥取大学の河川工学，地質学，岩盤工学，水文学などの専門家計11名で構成された。「鳥取県公共事業再評価委員会　中部ダム事業調査専門部会報告書（要訳版）」p. 1。

21)　鳥取県「第 7 回鳥取県公共事業再評価委員会会議録」（平成11年 2 月 9 日）p. 1。

22)　「鳥取県公共事業再評価委員会，中部ダム事業調査専門部会報告書（要訳版）」p. 3。

23)　朝日新聞，2002年 8 月23日。

24)　同上。

81

川改修78億円」とした。ダム事業費増加の理由には，台風によるダムの規模増大，地質調査の結果による工事費増大，用地補償費の見直し等が挙げられた。「専門部会」の意見は「ダム建設案が必ずしも有利とは言えない」とされた。

「専門部会」のメンバーらは倉吉市，羽合町，ダム建設予定地の三朝町の住民への聞き取りやアンケートを行った。その結果，「当初，当然，家屋，田畑が水没することから反対の立場であった。しかし，鳥取県や……（中略）……の説得に応じて，事実上ダム建設賛成の立場になった」「ダム建設予定地ということで，公共事業が行われる。将来設計は立たず，若い世代は流出し，残された者の高齢化は一層進んだ」こと等も示された。アンケートでは，住民の57％が着工を望んでいるが，10％はダム建設の理不尽を唱えていて，住民間の亀裂が指摘され，下流域ではダム建設の再考や反対が約半数と示された。「どちらでも早く結論を」という意見が全流域住民の30％を占めていた。「専門部会」へは「ダムを建設した場合は当然だが，中止した場合も，この失われた20数年の空白を埋める十分な行政の対応が求められる。……（中略）……計画は長い年月の間，住民の生活を混乱させ，住民の間に深い傷跡を残してきた」と長引く事業への批判が報告された。

委員会での審議は県からの申し入れで，途中から一般公開された。委員会は「必ずしもダム建設案が有利とは言えない」「水道用水も人口が下がり気味で，緊急を要さない」「住民はダム賛成と反対がほぼ拮抗している」として，事業「中止」とする答申を示した。県担当者は「答申は継続で出るものと思ってい

25）　同上。

26）　「鳥取県公共事業再評価委員会，中部ダム事業調査専門部会報告書（要訳版）」p. 8。

27）　同上。

28）　同上，pp. 6-7。

29）　同上。

30）　同上。

31）　同上。

32）　同上。

33）　同上。

34）　朝日新聞，2002年 8 月23日，1999年12月開催の第 9 回鳥取県公共事業再評価委員会から原則公開とされた。「第 9 回鳥取県公共事業再評価委員会会議録」（平成11年12月2 日），pp. 1-2。

第 4 章　知事主導による終了事例

表 4 - 1 - 2　中部ダムの進捗

ダム名	事業の進捗状況	総事業費	費消額
中部	実施計画調査	230億円	3億円

出典：県提供資料等をもとに筆者作成

た。イレギュラーケースだった[35]」という。

　知事は三朝町長と協議を行い，事業終了で一致した［鳥取県・三朝町編，2006]。県はこの時点で流域市町村長に答申を説明した[36]。「倉吉市長は（終了に）絶対反対ではなく，適切な判断をお願いします，という意見だった。三朝町長は当初は推進の立場だったが，これ以上時間がかかった場合は，地元にさらに苦痛を与えるのでやりたくない，ということだった[37]」という。県はこの時点で県議会，市町村議会に終了の意向を伝えていて，大きな反対はなかったという[38]。2000年4月，知事が記者会見で中部ダム事業の終了を発表した[39]。進捗は表4-1-2の通りであった。

　中部ダム事業が「ダム事業の総点検」で名挙げされたことが，県の終了判断に影響したかについて，「影響していない」と回答した。「与党3党の見直し」の対象とならず，「ダム事業の検証要請」の時点では既に終了していた。

2　終了決定から住民からの合意調達が完了するまで

　中部ダム事業の終了を発表した翌月に知事は三朝町長とともに，水没が予定されていた2つの集落を訪問し[40]，30年にもわたって事業が長期化したがために，地域振興策が停滞したことを謝罪した[41]。住民からは「不信と憤り」の声があがった［鳥取県・三朝町編，2006]。水没予定地では，「どうせダムに沈むのだから」と老朽化した住宅の改修が進まず，生活や生産の基盤整備も十分に行わ

35)　県担当者へのヒアリング（2015年3月）。
36)　同上，この時点で県が説明した市町村は倉吉市，羽合町，北条町，関金町，東条町。
37)　同上。
38)　同上。
39)　朝日新聞，2000年4月4日。
40)　福田，下谷の2つの集落。
41)　朝日新聞，2001年10月6日（佐賀県版）。

83

れてこなかった。ダム賛成派と反対派に住民が分かれたことで，行事や会合の開催にも影響を及ぼしていた。終了は地元にさらなる混乱を与え，住民は終了への強い反対アクターとなった。「（終了は）知事が意思をもって決断したことであったため，庁内調整は不要だった」「庁内には（終了を実施する際のハードルは）なかった[42]」が，地元はそうではなかった。

　県と町は「旧中部ダム予定地域振興協議会」を設置し，県は事務局として庁内に「旧中部ダム予定地域振興課」を新設し，三朝町からの派遣職員1名を含んだ計5名の職員を配置した。予定地に近い県中部総合事務所にも「旧中部ダム予定振興倉吉事務所」を設置し，三朝町も総務課に「旧中部ダム地域振興係」を設置した。地域住民からは計86項目の地域振興のための要望が出された。「27年間たなざらしされたことで精神的不安の中で大きな苦痛を受けた」して各戸一律2,700万円の補償要求が盛り込まれていた。県はこのうち公民館の建設や圃場や農業用水堰堤の整備など49項目を「実施する[43]」とし，総額163億円を見込んだ。

　最も慎重な検討が続いたのは，「精神的苦痛」に対する「個人への金銭的補償」であった。当初，三朝町長は補償に前向きであったが，片山知事は慎重で平行線をたどったが，最終的には「個人の金銭的補償」に代わるものとして，「住宅の新改築費用の助成」など5項目からなる新たな「地域活性化事業」が追加された。「住宅の新改築費用の助成」一戸300万円を上限に支給することで決着した[44]。

　終了決定から1年2カ月後に振興計画は確定し，振興策の着手は5年以内とされた。実施にあたっては，県は住民との情報共有のため，月1度「説明会」を開き，職員らが集落で進捗状況を説明した。「説明会」は住民から「必要がなくなった」と言われる2005年3月末まで，約40回開催された。2005年11月に，最後の事業が着手され，祝賀会には知事も出席した[45]。「中止は集落にとってプラスだった」「5年前と比べると全く違う風景になった」と住民が振興策

　42）　県担当者へのヒアリング（2014年6月）。
　43）　振興策は37項目。
　44）　朝日新聞，2001年3月21日（夕刊）。
　45）　同上，2005年11月28日（鳥取県版）。

の実施状況に満足した様子が報道された。集落には「和」と書かれた記念碑が[46)]
建てられた。ダム賛成派と反対派に分かれていた住民の融和が終了と振興策の
進展によって進んだことを象徴しているという。[47)]

　終了のプロセスをめぐるここまでの議論は，知事の意向でほぼ全て公開され
た。知事の「公開」手法は，ダム事業終了以外にも現れていて，「知事主導で
何でもオープンになった」という。知事は議会と一定の緊張関係にあった。そ[48)]
のため，政策過程における透明性の確保は，住民からの直接信託を得る手段で
あっただけではなく，代表性と正統性を担保するための方法の１つであったと
考えられる。

　県は中部ダム事業終了後「一件審査」の実施を開始した。これまで全事業ま
とめて総額での議論しかなされていなかったが，2001年度から１事業ごとにそ
の必要性が審査された。県の公共事業の2016年度当初予算は1997年度比で32.7
％まで減少した。[49)]

　なお，ダム終了後の振興策に盛り込まれた「住宅の新改築費用の助成」は，
それより前に発生した鳥取県西部地震の被災者への住宅再建支援制度と共通の[50)][51)]
考え方が根底にあったという。この支援制度は，被災住宅の再建に公費補助を[52)]
行った全国初の試みであった。公費補助の考え方は他の災害対応にも継承され
ていく。[53)]

---

46)　同上。

47)　同上。

48)　県担当者へのヒアリング（2014年６月）。ダム終了後の2000年12月，県は全国の都道
　　　府県で初めて県警の予算文書を公開した。また議員のいわゆる「口利き」防止のため，
　　　議員らからの県への要望を文書化し公開することを決め，内部告発制度も創設した。

49)　鳥取県「公共事業の一件審査の実施」https://www.pref.tottori.lg.jp/317267.htm
　　　（2024/09/01確認）。

50)　2000年10月６日，鳥取県日野町などで震度６強を記録し，重傷者31人，全壊家屋394
　　　戸の被害が出た。鳥取県「鳥取県西部地震の概要」http://www.pref.tottori.lg.jp/
　　　29135.htm（2024/09/01確認）。

51)　鳥取県西部地震被災者に対し，県が一定の補助を行った。鳥取県「鳥取県西部地震
　　　被災者向け住宅関連施策」http://www.pref.tottori.lg.jp/12722.htm（2024/09/01日）。

52)　県担当者へのヒアリング（2014年６月）。

53)　2015年に倉吉市で発生した火災で被災した中小企業者らに，県は運転資金を融資し
　　　た。

表 4 - 1 - 3　中部ダムの終了の経緯

1973年	予備調査を開始
1993年	実施計画調査を開始
1997年	• 北条町が上水を辞退（3月） • 倉吉市と羽合町が利水容量を下方修正（4月） • 国の「ダム事業の総点検」の対象となる。県は「継続」とする
1998年9月	県は「公共事業再評価委員会」へ諮問
1999年	• 片山知事就任（4月） • 県は「公共事業再評価委員会」に中部ダムを審議する「専門部会」を設置（5月）
2000年3月	•「専門部会」と「公共事業再評価委員会」は「中止」の答申を示す（3月） • 知事が記者会見で終了を発表（4月）
2001年6月	県，町，地域住民らが振興計画に合意調印
2003年3月	片山知事再選
2005年11月	振興計画の全事業着手
2011年3月	振興計画のほぼ全ての事業完了

出典：県提供資料等をもとに筆者作成

　中部ダム事業終了の経緯は，他の都道府県や地方議会からの問い合わせや視察が相次いだという[54]。内容は地域振興策の中身で，視察関連資料だけでファイルが計3冊にもなった。

　終了検討開始から地域振興計画を地元と合意するまで約2年1カ月を要した。中部ダムの終了のプロセスの流れを**表4-1-3**に整理した。

　終了時は，「国からは（終了への）議論の推移について情報提供を求められた」という[55]。

　プロセスに影響を与える可能性がある要因5つの状況を**表4-1-5**に整理した。

小　括

　鳥取県の場合，終了を主導したのは知事であった。知事は自らの政策選好を明確に職員に示し，職員もそれに呼応する形で終了を進めた。終了プロセスには，予定地の住民が参画したため，「外部」であった。終了決定までは知事か

---

54)　県担当者へのヒアリング（2014年6月）。
55)　県担当者へのヒアリング（2014年6月）。

第4章　知事主導による終了事例

表4-1-4　［鳥取県］終了プロセスの類型

ダム名	内部		外部	
	短期	長期	短期	長期
中部				○

表4-1-5　［鳥取県］終了プロセスに影響を与える可能性がある要因の状況

ダム名	主導者	国の影響	反対アクター	進捗	分権の進展
中部	知事	なし	強	調査	前

ら直接の指示があったため，1年以内で進んだが，それ以降の予定地の住民との調整に時間を要し，困難なものであった。鳥取県の終了事例は「外部・長期」であった。

第2節　滋賀県

　滋賀県は2009年に芹谷ダム事業を終了し，2012年に北川第1ダム，北川第2ダム，の計3事業を終了した。終了主導者は知事であり，終了プロセスにはいずれも住民が参加したため，「外部」であった。終了に伴い，県が策定した地域振興計画をめぐって住民からの合意調達は難航し，下流域の首長も終了に反対した。芹谷ダムは5年8カ月，北川第1・第2ダムは4年半かかり，いずれも「外部・長期」となった。終了した3事業の基礎データ（表4-2-1）と位置（図4-2-1）を示す。

　滋賀県では，降雨はほぼ琵琶湖に注ぎ，瀬田川，淀川から大阪湾に流れている。河川の多くは短く急峻で，洪水が起こりやすい特徴があり，天井川も多く形成されている。[56] [57] [58]

---

56)　「滋賀県流域治水基本方針」（2012）p. 4,「滋賀県の河川整備方針」（2010），「2　滋賀県の河川概要」p. 7。

57)　同上。

58)　川底が周辺の土地より高くなっている川（国交省　北海道開発局　河川計画課　用語集）。

表4-2-1　［滋賀県］終了したダム事業

ダム名	終了決定	総貯水量
芹谷	2009年1月	560万 m³
北川第1	2012年1月	1,040万 m³
北川第2	2012年1月	994万 m³

出典：県提供資料等をもとに筆者作成

図4-2-1　［滋賀県］終了したダムの場所

出典：県提供資料等をもとに筆者作成

　県は管理する全河川を対象に「10年確率降雨」[59]を目標として治水対策を進めてきた。しかし，財政面の制約もあり，河川の整備率は，2011年時点で半分を超えた程度で，全河川で同程度の安全を確保するには，以降100年の期間を要するとしていた[60]。また，水害リスクの高い箇所での都市開発もあり[61]，森林や水田の貯槽機能や地域社会の伝統的な水防施設の機能も落ちていたという[62]。さらに行政職員への訓練の限界，避難勧告の精度の欠如，行政組織の縮小や市町村[63]

---

59)　時間雨量50mm相当（県担当者へのヒアリングによる）。
60)　「滋賀県流域治水基本方針」(2012),「第2章　治水上の課題，3　行政対応の現状と問題点」pp.6-9。
61)　同上。
62)　同上。
63)　同上。

88

合併による所管の拡大などが原因で，県は治水政策の限界を自ら認める状況となっていた。[64]

1 芹谷ダム

芹谷ダムは，芹川に県が計画したダムで，1963年，予備調査に着手し，1985年に事業採択した。[65] 1998年，県の「公共事業評価監視委員会」（以下「委員会」）で審査対象となるが，県は継続とした。[66] 2002年，地元多賀町の利水需要の減少に伴い，県は治水専用ダムに転換し，建設場所を変更した。[67] 2003年，再び「委員会」で審議対象となるが，再び継続となった。[68]

2006年7月，嘉田由紀子氏が知事に就任した。[69] 環境社会学者である嘉田知事は「もったいない」をキャッチフレーズに，栗東市に予定されていた新幹線新駅やダム事業の凍結・見直しを公約に掲げ，[70] 自民，民主，公明党が相乗りで推薦した現職の國松善次氏を破って初当選した。[71] 嘉田知事は政党推薦を受けず「無党派知事」と呼ばれた。[72] 就任前から嘉田知事は「流域治水」という治水対策を河川だけではなく，流域全体で取りくむ政策アイディアを示していた。国交省では，2000年の河川審議会の中間答申で示されていた。[73] この答申によると，洪水を防ぐために宅地のかさあげや土地利用の方策をたて，河川と下水道との連携を強化し，河川整備の他に雨水の貯留，危険地域での建築制限やハザードマップ作成や公表などを組み合わせて行うこととされた。[74] それまでの治

---

64) 同上。

65) 「平成20年度第6回滋賀県公共事業評価監視委員会　資料-2-2（説明資料）芹谷治水ダム建設事業」（平成21年1月9日），p.5。

66) 同上。

67) 同上。

68) 同上。

69) 朝日新聞，2006年7月3日。

70) 同上。

71) 1998年7月～2006年7月まで滋賀県知事に在任。

72) 朝日新聞，2006年7月3日。

73) 国交省，河川審議会中間答申「流域での対応を含む効果的な治水の在り方について」https://www.mlit.go.jp/river/shinngikai_blog/past_shinngikai/shinngikai/shingi/CT_01.html（2024/09/01確認）。

74) 同上。

水対策の主な考え方であった"雨水を河川だけで処理し，下流に安全に流すことによる治水"ではなく，"河川の外も視野に入れて，流域全体で雨水を受け止める治水"を目指し，治水の主軸にダムを据えていないことが特徴である。

　嘉田知事の当選直後から，庁内では流域治水をめぐって２つのグループが形成されたという。県職員によると「ダム計画を見直すべき派」と「ダム計画を見直すことは必要ない派」であった。前者は「河川法改正や財政状況などからダム計画を見直すべき」とし，後者は「国からのダム計画見直しの指示もない中，今見直すことはできないし，必要もない」と主張していた。職員の中には，知事当選直後に知事のマニフェストを読み，「この内容を実現するのは難しい」と示す書類を作成するよう上司から指示を受けた者もいたという。

　2008年，嘉田知事の主導で，県は菅理する全ての河川を対象に洪水・氾濫の危険度を調べる「滋賀県中長期実施河川の検討」を行った。その結果に基づき，河川整備の緊急性のランク分けを実施した。河川整備予算の減少と集中豪雨の頻発により，対応する河川の優先順位を決めることが目的であった。こういったランク分けは，前任の國松知事が，道路建設分野で既に行っていた。嘉田知事は「道路でできているのなら，次は川」と主張した。検討の結果，芹川

---

75)　県担当者へのヒアリング（2013年10月）。

76)　同上（2015年３月）。

77)　同上。

78)　同上。

79)　同上。

80)　目的は「ハード対策」の順位付けをすることで，河川はA−Dまでの４ランクに分けられ，「緊急性の観点から整備実施を必要とする河川」とされたAランクには約30の河川が該当した。「滋賀県中長期整備実施河川の検討結果」（平成20年10月）p. 9 他，chrome-extension://efaidnbmnnnibpcajpcglclefindmkaj/https://www.pref.shiga.lg.jp/file/attachment/1017742.pdf（2024/09/05確認）。

81)　1998年と2008年を比較すると，単独および補助河川改良事業費が24.8％に減少していることが挙げられた。（「滋賀県中長期整備実施河川の検討結果」（平成20年10月）p. 6。

82)　1998年７月-2006年７月滋賀県知事に在任。

83)　「どこに，どんな道路が，いつまでに必要か」を論点に道路整備の優先順位を決めた。５年ごとに進捗状況が公表され，それに応じて計画の見直しが図られている。「滋賀県道路整備マスタープラン［概要版］」（平成15年４月）。

84)　県担当者へのヒアリング（2013年10月）。

90

は「最優先して整備すべき」河川とされる「Ａランク」に位置づけられた。[85]

　検討と並行して，県は芹川の河川整備計画も策定していた。この過程で県は「芹川川づくり会議」[86]を設置し，芹川の治水政策を地域住民と議論し，2007年6月には，知事と住民との意見交換会を開いた。[87]住民からは「ダム建設費を上流だけに投資するのではなく，下流の住宅周辺にも投資できないか」[88]などの意見が出された。2008年10月の「第10回芹川川づくり会議」で，県は「芹川の治水対策基本方針（案）」[89]を提示した。ダムと河川改修を組み合わせるやり方はダム完成までに多額の費用がかかり，それよりも堆積した土砂を除去する方が早く安く，治水安全目標の達成が可能とする方向性が提示された。[90]芹谷ダム建設事業は「湖東圏域河川整備計画」には位置づけないと記載された。[91]知事はここで実質的にダム事業の終了を示したことになる。

　一方，この年に，芹谷ダムは「委員会」の審議対象となった。委員会のメンバーは，知事がダム事業の終了案を既に「芹川川づくり会議」で示していたことに怒り，終始対決姿勢で進んだ。委員長が審議開始冒頭で「委員会での審議の前に知事が芹川の治水事業を決定したという形で我々の耳に入ってきているため，……（中略）……第三者委員会としての運営自身を難しくし，支障をきたすように考えられ，極めて遺憾」[92]と発言した。委員長は審議が始まる前に「芹川の治水対策基本方針（案）」にダム事業終了が盛り込まれたことに強い不満を示した。「行政の姿勢として，建設推進する時は推進のための都合のよい

---

85)　平成20年10月「滋賀県中長期実施河川の検討結果」。
86)　県は芹川の河川整備計画を策定するにあたり，治水や自然環境について住民の意見を聞く場とした。2001年から2002年までに6回開催され，いったん中断したが，2007年に再開された。ダム建設の賛否を直接的に住民に問う場ではないとされた。例えば「第1回芹川川づくり会議」は以下のような内容であった。https://www.pref.shiga.lg.jp/file/attachment/1015422.pdf（2024/09/05確認）。
87)　「『嘉田知事との意見交換会〜芹川の川づくり〜』のまとめ」（平成19年6月3日）。約120名が参加した。
88)　同上。
89)　「第10回芹川川づくり会議」（平成20年10月5日）資料-3，p.13。
90)　同上，p.10。
91)　同上，p.13。
92)　「平成20年度第6回公共事業評価監視委員会議事要旨1」（11月21日）。

表 4 - 2 - 2　芹谷ダムの進捗

ダム名	事業の進捗状況	総事業費	費消額
芹谷	実施計画調査	398億円	33億円

出典：県提供資料等をもとに筆者作成

理論構築をし，中止する時は前言を翻して中止に都合のよい理論に基づいて資料を作り説得する」など強く批判した[93]。これに対し県は「46年間放ったらかしにしてきたダム建設予定地の方々への対応を緊急にしていかないと，ダムを中止するだけでは済まない。そちらの方の対策も考えていきたい」と応じている[94]。県が述べた「対策」は，のちにダム終了に伴う地域への影響緩和策の実施につながっていく。委員会は，議論の後，2009年1月に県の方針を追認する形で「中止」の答申を示し，2009年1月に県は終了を決定した[95]。なお，2009年1月の委員会の議論では，鳥取県の中部ダム事業の終了が参照された。県は鳥取県の地域振興策を取り寄せ，庁内で行った議論の内容を委員に示している[96]。

　芹谷ダムは，1997年の「ダム事業の総点検」の対象となっていたが，県は「継続」と回答している[97]。2000年の「与党3党の見直し」では対象にはならなかった。県は終了に際し「国からの影響はなかった」とした。

　1985年の事業採択から24年，全体事業費は398億円で，約33億円を費消していた。実施計画調査段階で，家屋移転の補償や用地買収は行われていなかった[98]。進捗状況を**表 4 - 2 - 2**に示した。

　終了への強い反対アクターは存在した。代表的な反対アクターはダムの下流域の彦根市長であった[99]。芹谷ダム終了を表明した県に「公開質問状」を提出

---

93)　同上。
94)　「平成20年度第7回公共事業評価監視委員会議事要旨1」（1月9日）。
95)　滋賀県「芹谷ダム」https://www.pref.shiga.lg.jp/ippan/kendoseibi/dam/19219.html （2024/09/05確認）。
96)　同上。
97)　県担当者へのヒアリング（2015年3月）。
98)　県提供資料による（2015年1月）。
99)　獅山向洋市長。彦根市議を経て，1989年に市長選に出馬し初当選。その後，落選したが，2005年に2度目の当選を果たし，2013年まで市長を務める。

92

第 4 章　知事主導による終了事例

し，「市民への説明手続きが十分でない」と批判し，ダムは必要と市のホームページに公開された。[100] 市長は選挙で落選するまではダム終了反対を貫いたという。[101] 予定地の多賀町は反対せず，[102]「芹川川づくり会議」開催期間中に，町長は嘉田知事と協議し，方針に同意した。一方，予定地の住民の一部は「もともと建設反対だった。県の説得に応じたのに今更何を」と県の方針変更を批判した。[103] また，県土木系職員 OB の終了への反対は強く，「県庁へ怒鳴り込みに来られたことが何度もあった」[104] という。県の出先機関である現場の建設事務所も「終了になったらどのツラ下げて翌日から地元に行けというのか。そんな仕事はできない」という職員もいたという。[105] ダム建設を所管する河川開発課の職員の一部も終了に反対であった。芹谷ダム事業終了のプロセスは，先述の「ダム計画を見直すべき派」と「ダム計画を見直すことは必要ない派」の 2 つのグループの対立の中，進められていた。「河川開発課はダム事業を推進することが職務であり，見直したり精査したりすることは職務ではない」という職員もいた。[106] 庁内で終了への流れが決定的になったのは，委員会や「川づくり会議」での住民の意見が「中止」と示された時であった。「ダム計画を見直すべき派」が大勢を占めるようになり，[107]「徹底抗戦」を主張していたグループも，このあと[108]は，事業終了に必要な業務を進めたという。

　強い反対アクターが多くいる中，職員らは「2 段階整備」というアイディアを提示した。具体的には，目標達成までの時間を重視した内容であった。県は芹川の治水対策について，「将来目標（1/100）」の安全度を達成するためには，「ダム＋河川改修」が有効な計画案の 1 つと位置づけていた。しかし，ダムを

---

100)　同上（2014年11月）。
101)　彦根市「芹川の洪水に関する資料館，集中豪雨に芹川はどのくらいまで耐えられるか？」
　　　http://www.city.hikone.shiga.jp/cmsfiles/contents/0000000/749/shuchugou.pdf　（2017年 4 月30日確認，2024/09/05の確認では上記 URL は閲覧できなかった）。
102)　県担当者へのヒアリング（2014年11月）。
103)　同上（2013年10月，2014年 4 月）。
104)　同上（2013年10月）。
105)　同上（2013年10月）。
106)　同上（2015年 3 月）。
107)　同上（2013年10月，2014年 4 月）。
108)　同上（2015年 3 月）。

93

先行して着手した場合，「ダムが完成すれば，一定の治水安全度（1/40）まで
を確保することができるが，完成するまでにあと365億円という多額の事業費
がかかる」と算出した。一方，「（河川の）堆積土砂除去を先行した場合，今後
20年の「当面目標（1/30）」の安全度を達成するのは格段に早く安く（約15億
円），当面の整備目標を達成することが可能」とした。そして，「当面の整備目
標（1/30）をまず達成し，その後，将来目標（1/100）を将来的には目指す」と
いう2段階での整備を行うとした。「当面目標」に早く達成するためには，河
川改修を先行させて整備した方が早くかつ費用も安くあがるという考え方にな
る。これに基づきダム事業は終了となった。芹川は「最優先して整備すべき河
川」だからこそ，芹谷ダムは終了されたということになる。滋賀県はこの考え
方を図（図4-2-2，図4-2-3）で提示し，終了への関連アクターの合意調達
を試みた。

　県は終了に伴う地域振興策実施のための協議を予定地の多賀町と開始した。
ダム建設に伴う損失補償が確定しておらず，水没移転の補償が行われていな
かったため，地域振興策を県は「ダムの代替策ではなく，終了に伴う影響緩
和策」と位置づけた。立ち退きが予定されていた24世帯は家屋の修繕が先送り
され，老朽化が進んでいたため，県は家屋の改修等を盛り込んだ計画を策定
し，住民に同意を求めていた。しかし，住民らは使途制限のない補償金を求
め，議論は平行線を辿った。その後，県は家屋の調査を実施し，痛みに応じた
修繕費を算出し補償するとし，県は家屋改修支援事業費3,000万円を盛り込ん
だ一般会計補正予算案を議会に提案し，可決された。，知事は予定地を訪問し，
住民に終了を謝罪した。2011年1月，県と多賀町は「芹谷地域振興計画基本方

---

109) 「平成20年度第6回滋賀県公共事業評価監視委員会　資料-2-2（説明資料）芹谷治
　　　水ダム建設事業」（平成21年1月9日），p. 18。

110) 同上，p. 19。

111) 県担当者へのヒアリング（2013年10月）。

112) 県担当者へのヒアリング（2015年3月）。

113) 朝日新聞，2010年11月18日（滋賀県版）。

114) 同上，2010年8月26日（滋賀県版）。

115) 同上，2010年11月18日，2010年12月1日（滋賀県版）。

116) 同上，2010年12月27日（滋賀県版）。

第4章　知事主導による終了事例

図4-2-2　滋賀県が示した芹谷ダムの治水安全度の考え方1（ダムを先行させた場合）

○ ダム先行：
ダムが完成すれば、一定の治水安全度（約1/40）まで確保することができる。
ただし、確保までに多額の費用がかかる。

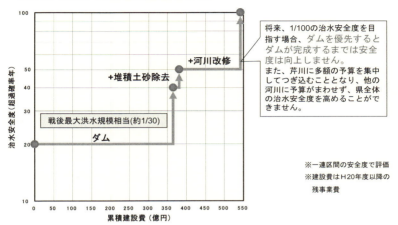

図4-2-3　滋賀県が示した芹谷ダムの治水安全度の考え方2（河川改修を先行させた場合）

○ 堆積土砂除去先行：
堆積土砂除去で戦後最大規模相当の洪水が流すことができる。
確保に要する費用は少額。

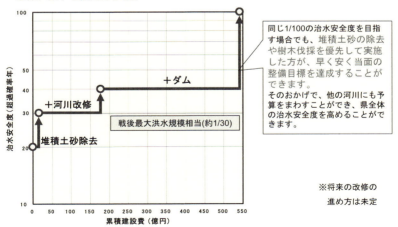

出典：図4-2-2，4-2-3いずれも滋賀県「平成20年度第6回公共事業評価監視委員会　資料2-2
（説明資料）芹谷治水ダム建設事業（平成20年11月21日），芹川の治水対策方針の検討」から抜粋。

95

針」の合意書に調印した。[117]知事は24世帯の家屋改修支援と道路整備等で計約4億8,000万円を2013年度予算に計上した。

　知事・町長いずれも地域住民との合意調達には「時間がかかった」「ダム推進の立場の住民が残っていた」と困難があったとした。[118]なお，県と多賀町が振興計画で合意した後も，流域の彦根市がダム事業終了を受け入れたのは市長交代後であった。[119]

　芹谷ダムの終了検討開始を県担当者は「2007年秋ごろ」と回答した。[120]終了への合意は彦根市長が交代した2013年5月と考える。終了検討から決定までに要した時間は約1年半でその後，地域振興計画をめぐって地元調達が完了するまでに要した時間は4年以上を要した。鳥取と同様に滋賀でも終了を決定するまでよりも，終了決定以降の方が合意調達に時間を要した。検討開始から合意調達完了までは約5年8カ月であった。芹谷ダムの終了のプロセスをまとめると**表4-2-3**のようになる。

2　北川第1ダム，第2ダム

　次に，北川第1ダム，第2ダム事業の終了のプロセスを検討する。2つのダム事業はセットで進められた。1953年，台風で安曇川が氾濫し，13名が死亡したことを契機に，県は高島市にダムを計画した。1973年から予備調査を13年かけて行い，1986年から実施計画調査を行った。[121]1988年，県は第1・2ダム事業費を計430億円と算定した。[122]当初，多目的ダムとされた第1・2ダムは，水需要の減少に伴い，2002年に治水ダムに変更されたが，2007年に付近にイヌワシやクマタカの営巣が確認されたため，いったん取付道路の建設を中断し，生態系の調査を行った。[123]

---

117)　同上，2011年1月19日（滋賀県版）。
118)　中日新聞，2011年1月19日。
119)　県担当者へのヒアリング（2015年3月）。
120)　同上（2013年10月）。
121)　滋賀県「北川ダムの経緯」https://www.pref.shiga.lg.jp/ippan/kendoseibi/dam/19217.html（2024/09/01確認）。
122)　同上。
123)　同上。

第 4 章　知事主導による終了事例

表 4 - 2 - 3　芹谷ダムの終了の経緯

1963年	予備調査開始
1985年	実施計画調査開始（事業採択）
1987年	国の「ダム事業の総点検」で点検対象となる。県は「継続」とする
1998年	県の「公共事業評価監視委員会」で審議対象となる。県は「継続」とする
2001年	河川整備計画策定に伴う「芹川川づくり会議」第 1 回開催
2002年	多賀町の利水事業からの撤退で治水専用ダムに用途変更
2003年	県の「公共事業評価監視委員会」で審議対象になる。県は「継続」とする
2006年	• 嘉田知事就任（ 7 月） • 流域治水政策室新設される（ 9 月）
2007年	「芹川川づくり会議」再開， 6 月に知事と住民の意見交換会開催
2008年	• 県の「中長期整備計画実施河川の検討」が開始。芹川は A ランクと分類される • 「第10回芹川川づくり会議」で県が「河川改修の方がダムより妥当」とする治水対策方針（案）を発表 • 県の「公共事業評価監視委員会」で審議対象になる
2009年 1 月	• 「監視委員会」で「中止」の答申が示される • 芹谷ダム終了決定
2011年 1 月	「芹谷地域振興計画基本方針」に県と多賀町が合意
2013年 5 月	市長交代に伴い彦根市は終了に賛意

出典：県提供資料等をもとに筆者作成

　それと並行して，県は2008年に「中長期実施河川の検討」を実施し，安曇川を「最優先して整備すべき A ランク」河川とした。一方，国では民主党への政権交代が起き，ダム事業の「検証要請」で第 1 ・ 2 ダムともに対象となった。[124]県は以前から「北川ダムを見直し対象として意識はしていた」とし，国の要請[125]を受け，芹谷ダムと同様に，「流域治水」「 2 段階整備」という 2 つのアイディアに基づき，検討を行った。県が定めた安曇川の治水安全度目標は「当面目標」は1/30，「将来目標」は1/100であった。[126]県は安曇川を「当面目標が達成で

---

124)　同上。

125)　県担当者へのヒアリング（2015年 3 月）。

126)　「滋賀県公共事業評価監視委員会」（平成24年 1 月24日）「平成23年度事業評価監視委員会説明資料［北川治水ダム建設事業］　北川ダム建設事業ダム検証に係る検討結果資料 2 - 1 ①」p.16。

きれば，1954年に起きた洪水を除けば，全てカバーできる」とした[127]。当面目標を達成することを前提に，ダム，河川改修，遊水池，放水路等どれを組み合わせて採用するのが妥当かを，国が示した安全度，コスト，実現可能性，持続性，柔軟性，地域社会への影響の7つの評価指標に沿って検討した[128]。その結果，ダムよりは河川改修をまずは行う選択が目標に早く達成でき，事業費もあと51億円で済むとする意見をまとめた[129]。

　一連の検討を行うにあたり，県は2011年に「検討の場」という地元住民との対話の場を計3回設けた[130]。ここでは知事や高島市長，関係者など39名が車座となり，住民のべ87名が議論を傍聴した[131]。住民からは「下流の生命財産を守るために建設に協力して欲しいとの県の要請で協力したが，国の政策変更や県の財政状況でダムをやめても反対はしない」「知事訪問で状況はわかった。これからは地域整備のことを考えていく」「ダム事業で使った114億円は無駄にならないのか」「まず1/30を確保し，1日も早く1/50，1/100を目指してほしい」などの意見が出された[132]。流域7箇所でも同様の地元説明が行われた[133]。「早く1/30にしようとするのは間違いないと思う」「ダムには基本的に反対」などの意見が出され，多くはダム終了に賛成であった[134]。

　2011年12月，河川の専門家による「淡海の川づくり検討委員会」が開催され，「県の提案は妥当」とする意見が示された[135]。2012年1月に「委員会」が開催され，「ダムを一旦終了することで，ダム事業に協力してきた建設予定地域が不利益を被ることのないよう対策を求める」「下流で当面の整備目標（1/30）を達成した後，更に治水安全度1/50，1/100へと段階的向上を目指すにあたって，

127）　同上，p. 17。
128）　同上，pp. 28-30。
129）　県は当面の整備目標（1/30）を達成するためには，2ダムを先行させるとあと約405億円必要，1ダムのみ先行させるとあと196億円必要，河川改修を先行させるとあと51億円が必要として，河川改修を先行させる方が，効率的で効果的とした。同上，p. 39。
130）　「北川ダム建設事業ダム検証に係る検討結果【住民等の意見】」pp. 2-3。
131）　同上。
132）　同上。
133）　同上，pp. 8-10。
134）　同上。
135）　「淡海の川づくり検討委員会　議事概要」（2011年12月21日）。

第4章　知事主導による終了事例

図 4-2-4　滋賀県が示した北川第1・第2ダムの治水安全度の考え方

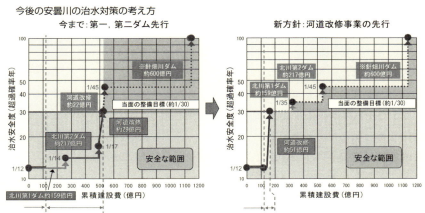

出典：滋賀県北川ダム建設事業「県の対応方針」から抜粋

流域自治体や住民と十分注意して進めること」などが県の方針への委員会意見として付記された[136]。第1・2ダムは2012年1月に終了が決定した。県が北川ダムの2段階整備の考え方を説明する際に使用した図を図4-2-4に示した。

事業費114億円を執行済みであった[137]。第1ダムは1999年に取り付け道路の工事に着手していて建設段階にあり、第2ダムは、調査段階であった。

終了決定後、県は地域振興計画の作成に着手した。芹谷ダムに比べて北川ダムは事業が進捗していて、「損失補償の基準も締結され、水没移転補償も完了し、ダム建設に伴う周辺地域整備事業計画も策定済み[138]」で、一部集落移転も完了していた。2013年、地域振興の内容に県と市双方が合意し、知事は地元の高島市朽木支所を訪れ、協定を地域住民らとの間で締結した[139]。協定に盛り込まれ

---

136)　滋賀県公共事業評価監視委員会「対応方針（案）に対する意見」（平成24年1月24日）。

137)　「滋賀県公共事業評価監視委員会」（平成24年1月24日）「平成23年度事業評価監視委員会説明資料［北川治水ダム建設事業］　北川ダム建設事業ダム検証に係る検討結果資料2-1①」p.10。

138)　県担当者へのヒアリング（2015年3月）。

139)　朝日新聞、2013年3月28日（滋賀県版）。

99

表 4 - 2 - 4　北川第 1・第 2 ダムの進捗

ダム名	事業の進捗状況	総事業費	費消額
北川第 1 北川第 2	建設工事（取付用道路工事） 実施計画調査	490億円	114億円

出典：県提供資料等をもとに筆者作成

た事業の内容は，県道補修，地区の集会所設置や耐震化等で事業費は約11億円であった。県が地元市町村や住民らと協議を開始してから合意に至るまでは 1 年 2 カ月を要していた。[140]

　第 1・2 ダムの終了検討開始を県担当者は「2008年10月の中長期整備計画実施河川の検討で北川が「A ランク」となった時点」[141] と回答した。終了合意調達を地元との協定への調印式が行われた2013年 3 月とした。終了決定までは 3 年 3 カ月かかり，地元住民との合意調達が得られるまではそれから 1 年 2 カ月かかり，計 4 年 5 カ月を要した。「外部・長期」であった。

　第 1・2 ダムは，芹谷ダムと同様，「ダム事業の総点検」の対象になったが，県は「継続」と回答した。[142]「与党 3 党の見直し」[143] では対象にならなかったが，「検証要請」では対象となった。国からの影響を県は「受けた」[144] と回答した。

　県は芹谷ダム終了を検討した時点で，「北川ダムの終了も意識していた」という。[145] 北川ダムは芹谷ダムと同じ2009年の「委員会」で審議対象となり，芹谷ダムは「中止」の答申であったが，北川ダムは「継続」となった。県はこの時点で北川ダムの終了決定を先に延ばすという決定をした。[146] その理由を「同時複数ダム終了に伴うインパクトを避けた」とする。[147] 県が北川ダムの「検討の場」を設置したのは，国の「検証要請」の後で，その理由を「国においてもできるだけダムに頼らない治水政策を検討するため『ダム建設事業の検証』を行うこ

---

140)　読売新聞，2013年 3 月28日，京都新聞，2013年 3 月27日他。
141)　県担当者へのヒアリング（2013年10月）。
142)　県担当者へのヒアリング（2015年 3 月）。
143)　2000年の「与党 3 党の見直し」では滋賀県内で計画中のダムは対象とならなかった。
144)　県担当者へのヒアリング（2013年10月）。
145)　同上。
146)　同上。
147)　同上。

第4章 知事主導による終了事例

表4-2-5 北川第1・第2ダムの終了の経緯

1973年	予備調査開始
1986年	実施計画調査開始
1995年	北川第1ダム建設に関する基本協定を地元と締結
1997年	・北川第1ダム損失補償基準に関する協定を地元と締結 ・「ダム事業の総点検」で対象になる。県は「継続」とする
1998年	県の「公共事業評価監視委員会」で審議対象となり，「継続」と答申が示され，県は「継続」とする
1999年	北川第1ダム取付道路工事開始
2002年	治水専用ダムに用途変更
2006年	・嘉田知事就任（7月） ・流域治水政策室新設される（9月）
2007年	生態系調査のため，事業中断
2008年10月	県の「中長期整備計画実施河川の検討」で北川は「Aランク」とされる
2009年	芹谷ダム終了決定
2009年	国の「検証要請」の対象となる
2011年	・「検討の場」を3回開催（2月～9月） ・「地域別意見交換会」を7箇所で開催（11月～12月） ・専門家による「淡海の川づくり検討委員会」（12月）を開催
2012年1月	・「監視委員会」で審議対象となる。「中止」の答申が示される ・北川第1，第2ダム終了決定
2013年3月	「地域振興計画」で地元関係者との協定調印式
2014年	振興計画に伴う事業はほぼ完了

出典：県提供資料等をもとに筆者作成

ととされました。北川ダムにつきましては，国から示された評価手法と県の考え方を併せて検証を進めて参ります」[148]とし，検討開始のきっかけに国の存在を示した。職員は，県議会や県議らへの説明の際にも「国からの検証要請に基づいて」[149]とたびたび述べた。県職員は「北川ダムは県独自で終了への検討を進めてはいたが，国の力も借りた」[150]としている。

　第1・2ダムのプロセスで終了に強く反対したアクターはいなかった[151]。当

---

148) 「北川ダム建設事業「検討の場」 第1回開催案内」（平成23年2月12日）。
149) 県担当者へのヒアリング（2015年3月）。
150) 同上。

初，予定地の高島市長が反対していたが，最終的には県の「2段階整備」のアイディアに同意し，終了に賛成した。地域の住民からは，ダム推進を望む声も一部にはあがったが，強い反対ではなかった。

　滋賀県のダム事業終了の経緯は以上である。ここで事業終了の帰結について確認する。2014年3月に県では「流域治水基本条例」が施行された。ダムに頼らない治水の必要性を訴える知事の政策が実を結んだと報道された。条例には水害の危険性が高い地域での建築規制が盛り込まれ，河川整備や避難計画の整備等複数部署を横断する内容となった。また，条例の施行を受けて，関西アーバン銀行は浸水警戒区域内で対策を施した住宅の購入や増改築を対象に，住宅ローンに優遇金利を適用する商品「県流域治水推進住宅ローン」の取り扱いを始めた。

　滋賀県のダム事業終了は全て知事主導によるものであった。知事は直接，自らの政策選好を職員に伝達し，組織編成，人材，財源の面でいずれもダム事業終了を促進できるよう変更を行った。組織編成では知事は当選2カ月後に，「流域治水政策室」を設置した。「土木交通部」下部に置かれ，これまで，ダム事業を計画および推進してきた河川開発課や，河川や港を管理してきた河港課

---

151)　同上。

152)　高島市長は，2011年の「第3回検討の場」で「時代の流れの中で，ダムに頼らない方向，或いは河道改修が必要という方向はやむを得ない」という趣旨の発言をしている。滋賀県，「北川ダム建設事業ダム検証に係る検討結果（関係者の意見等）」から。2012年の「報告の場」でも「ダムは100年に1度の災害を防ぐためにも必要かと思いますが，それよりも30年に1度の災害を防ぐということもやはり近々の大きな課題」としている。滋賀県，「平成23年度第1回滋賀県公共事業評価監視委員会説明資料」高島市長コメント要旨より。

153)　平成24年1月24日，滋賀県公共事業評価監視委員会資料2‐3，「北川ダム建設事業ダム検証に係る検討結果（関係者の意見等）」。

154)　朝日新聞，2014年3月25日（滋賀県版）。

155)　同上。

156)　2017年6月に滋賀県米原市内の約13haが初めて浸水警戒区域として住宅を新築，増改築する際は敷地をかさあげするなどして大雨の際に想定される水位より高い位置に住宅を設けるよう義務付けられた。県が費用の2分の1を助成する（朝日新聞，2017年6月16日（滋賀県版））。

157)　朝日新聞，2017年6月16日（滋賀県版）。

158)　県提供資料（2014年4月）。

第4章 知事主導による終了事例

図4-2-5 滋賀県の組織図1（流域治水政策室）

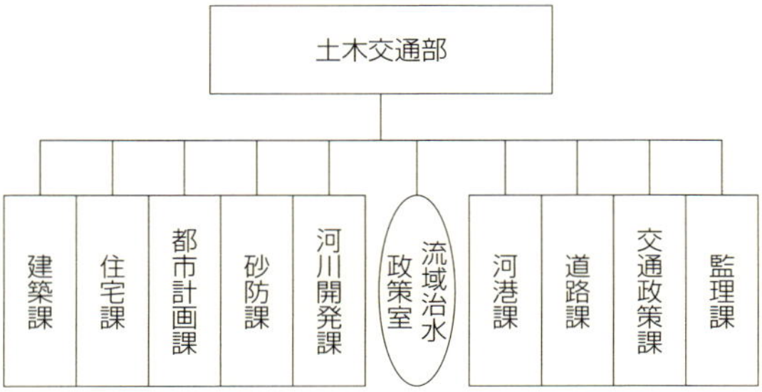

土木交通部 ― 建築課／住宅課／都市計画課／砂防課／河川開発課／流域治水政策室／河港課／道路課／交通政策課／監理課

注：2007年4月1日時点での滋賀県の「流域治水」に関連した組織図
出典：県提供資料をもとに筆者作成

図4-2-6 滋賀県の組織図2（流域政策局）

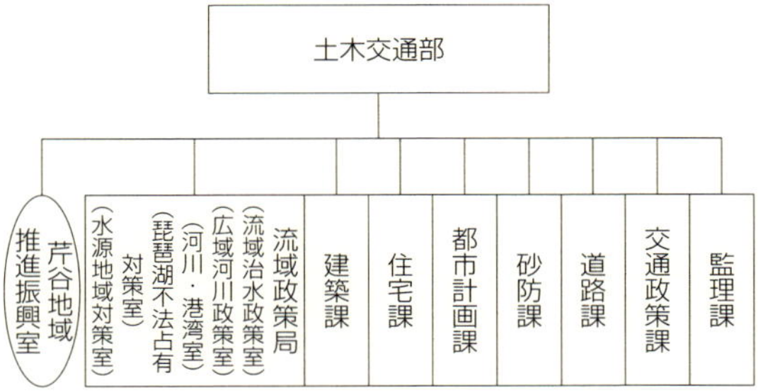

土木交通部 ― 推進振興室（芹谷地域）／（水源地域対策室）／（琵琶湖不法占有対策室）／（河川・港湾室）／（広域河川政策室）／（流域治水政策室）／流域政策局／建築課／住宅課／都市計画課／砂防課／道路課／交通政策課／監理課

注：2011年4月1日時点での滋賀県の「流域治水」に関連した組織図
出典：県提供資料をもとに筆者作成

と並列する形で新設された。[159]「流域治水推進室」は「室」であったが，「課」とほぼ同等に位置づけられた。[160]知事再選後の2011年，「流域治水政策室」の上には「流域政策局」が新設され，河港課や河川開発課が行っていた職務も内包された。[161]流域治水政策室発足当時の職員は5人であったが，その後，15人になった。[162]

　次に予算の状況を述べる。県の河川整備事業に充当する予算は，1998年以

159）　同上。
160）　県提供資料，県担当者へのヒアリング（2014年4月）。
161）　2024年4月1日現在とされる滋賀県の「行政機構図」でみても，流域政策局の位置づけは2011年当時と大きくは変わっていない。chrome-extension://efaidnbmnnnibpcajpcglclefindmkaj/https://www.pref.shiga.lg.jp/file/attachment/5460273.pdf（2024/09/05確認）。
162）　県担当者へのヒアリング（2013年10月，2014年4月）。

103

降，減少の一途をたどってきた[163)]。しかし，2011年に流域政策局が設置されると局の予算は新規で77億円が計上され，うち，河川事業予算も50億円と前年の47億円に比べて増加に転じる[164)]。以降，流域政策局の予算は増え続け，2014年度時点で102億円と発足当初と比べて約1.5倍に増えた。それに伴い，河川整備事業予算も増え続け，2014年度は64億円となった[165)]。「流域治水」という知事のアイディアの浸透に伴い，県財政は緊縮傾向にもかかわらず，流域政策局および河川整備事業の予算は増加傾向にあった。全国の都道府県が河川整備事業予算を減少させていく中，滋賀県では異例の対応となった。

　最後に人事の状況を検討する。治水政策にかかわる部署の人事について，国から県への出向人事と県庁内人事を順に検討する。国からの出向人事をみると，滋賀県の「河港課長」というポストは，戦後まもない時期から歴代，国からの出向技官の「指定席」であったという[166)]。河港課長は琵琶湖にかかわる河川や港を管轄し，治水計画を統括するポストの長で，県職員によると「とりわけ重要なポジション」とされてきた[167)]。県庁生え抜きの技官は入庁当時「君は知事にはなれるかもしれんが，河港課長にだけは無理だ」と言われたことを覚えているという[168)]。しかし，その河港課長への国からの出向人事は知事就任翌年には終了した[169)]。2年後，河港課長の上長にあたる土木交通部長ポストへの国からの出向も終了した[170)]。知事がこの前後に「県の政策に反対ばかりする国の人は追い返しました」と公的な場所で発言したのを職員は聞いている[171)]。知事の発言からは県が独立的に[172)]，琵琶湖や河川にかかわる治水政策を執行しようとしていたことがうかがえる。

---

163)　県提供資料，県担当者へのヒアリング（2014年4月）。

164)　同上。

165)　同上（2013年10月，2014年4月）。

166)　同上。

167)　同上。

168)　同上。

169)　2007年度で終了。県担当者へのヒアリングによる（2013年10月，2014年4月）。

170)　土木交通部長への国からの出向が終了する一方，都市計画担当部署には次長級職員が，その5年後には，道路建設担当部署にも次長級職員が国から出向した。県担当者へのヒアリング（2013年10月，2014年4月）。

171)　県担当者へのヒアリング（2013年10月，2014年4月）。

第4章　知事主導による終了事例

　庁内の人事をみると，芹谷ダム終了に庁内で強く反対したのは先述の建設事務所長で，2008年10月に芹谷ダム終了の方向性が提示されて以降，さらに半年間（2009年春の人事異動まで），同一人物が務める状況となった。その際，「（ダム事業を推進してきた）建設事務所長や職員らは（中止対応をすると）かなり疲弊することがわかった」という。次の北川ダム終了の際は，「検討の場」の会議の開催期間中に定期の人事異動があったため，県は北川ダム予定地の建設事務所長をこのタイミングで交代させたという。後任は「1回目の芹谷ダム終了の過程を熟知し，流域治水の考え方も理解していた人物」を据えた。「（終了に向かう）地元交渉の初期の段階で人を交代させた」という。「芹谷の時に苦労したので，2回目（の北川ダムの時）は対策がわかった」とする。1回目の終了事例で，県は学習し，2回目の終了までの間に県は人事面でも課題への対策を行った。組織，財源，人事のいずれにも知事の政策選好が大きく影響し，とりわけ組織と人事は「知事から担当職員に直接リクエストがおろされた」といい，それを受けて「担当職員が必要な組織案と人事案をまとめあげ，知事が自分の意向を入れて決めた」とされ，財源については担当職員が「知事の意向を汲み取り，政策に必要な予算を見積もった」という。

　嘉田知事は「無党派知事」で県議会とは異なる政策選好にあった。新幹線新駅の見直しや一般会計予算案の編成でも県議会最大会派の自民党とは頻繁に対立してきた。2007年の統一地方選では，知事を支援する「対話でつなごう滋賀の会」に属する候補が複数当選を果たしたが，それでも県議会最大会派には及ばなかった。芹谷ダム終了決定後，県議会は大戸川ダム建設中止を国に求める嘉田知事の意見案をめぐり流会となり，補正予算案など39件が廃案となって

172）　この場合の「独立的」とは「行政組織の資源である権限，金銭，組織編成や人員，情報を自分たちの判断で調達できるかどうか」［曽我，2016：18］と定義する。

173）　県担当者へのヒアリング（2015年3月）。

174）　同上。

175）　同上。

176）　同上。

177）　同上。

178）　同上（2013年10月，2014年4月）。

179）　県担当者へのヒアリング（2017年4月）。

180）　朝日新聞，2007年4月9日。

105

いる。県議会との緊張関係の中，知事はダム事業の終了において県議会からの[181]
合意調達が容易に得られるとは考えておらず，直接指示を出す形で組織や財源
や人事面での対応を行い，住民からの直接信託を得る形で終了を主導しようと
したことが考察される。

　最後に国との関係とプロセスに影響を与えると想定していた要因の状況につ
いて検討する。芹谷ダムについては，国の改革で名挙げはあったものの，県は
終了への「影響はなかった」とし自律的な終了とした。北川第１・２ダムにつ
いては，「影響があった」とした。国の改革で名挙げされたが，県はそれより
以前から自律的に終了を検討していて，国の名挙げを終了促進要因に転換し，
関連アクターへの合意調達に戦略的に利用した。一方，河川政策に携わる国か
らの出向官僚のポストを減らし，自律的な政策選択を行える環境を整えた。反
対アクターは芹谷ダムの時は強く，北川第１・２ダムの時は弱かった。これは
職員が１回目の課題を「学習」し，登場が予想される反対アクターらへの対応
をあらかじめ行っていたことが効果をあげた。この「学習」は，住民の意見の
聴取方法にも表れ，１回目の時より遥かに多い回数で住民の意見交換の場が設
定された。先行研究では，官僚は，情報を収集する時間があれば，予測的対応
の確率を高くし，政策の帰結に影響を与えることが明らかになっているが
［京，2011］，滋賀県の終了事例でも観察された。

　５つの要因の状況を**表４-２-７**に整理した。

　最後に相互参照について検討する。滋賀県は鳥取県に対して参照を行ってい
た。滋賀県は芹谷ダムの地域振興計画を策定する前に，鳥取県へ中部ダム事業
の地域振興計画について2008年に照会を行っていた。[182]滋賀県の担当者は，「当
時，片山知事の中部ダムへの取り組みは新聞，テレビ等で取り上げられていた
ので，知っていた」「（中部ダム建設予定地への）現地調査は行っていないが，資
料を取り寄せたとの記録がある」という。[183]鳥取県担当者の話によると，2008年
時点で，滋賀県の担当者とメールのやりとりが行われていた。[184]鳥取県担当者

181）　京都新聞，2010年７月20日。

182）　滋賀県担当者へのヒアリング（2015年３月），鳥取県担当者へのヒアリング（2015年
　　　３月）。

183）　滋賀県担当者へのヒアリング（2015年３月）。

106

第4章　知事主導による終了事例

表4-2-6　［滋賀県］終了プロセスの類型

ダム名	内部		外部	
	短期	長期	短期	長期
芹谷				○
北川第1				○
北川第2				○

表4-2-7　［滋賀県］終了プロセスに影響を与える可能性がある要因の状況

ダム名	主導者	国の影響	反対アクター	進捗	分権の進展
芹谷	知事	なし	強	調査	後
北川第1	知事	あり	弱	建設	後
北川第2	知事	あり	弱	調査	後

は，地域振興計画に盛り込まれていた水没予定地域の住民に対する補助金の交付要綱や計画内容の一覧を提供したという。ここからは相互参照が政策形成の時だけでなく，終了の際にも行われていたことがわかった。

小　括

　滋賀県におけるダム事業終了は3事業とも知事が主導した。住民の意見を聞いている。終了のプロセスは3事業ともに終了に伴い，県が提示した地域振興策をめぐって住民からの合意調達に時間を要し，「外部・長期」類型となった。

第3節　知事主導の終了事例への観察から明らかになったこと

　両県にはいくつか共通する特徴があった。終了はいずれも知事主導で，知事の政策選好が終了促進要因になっていた。1990年代以降，知事は個別政策分野の歳出にも影響を及ぼす［曽我・待鳥，2007］とされていたが，ここまでの観察でそれは裏付けられていた。知事らは直接指示を出して職員に政策選好を伝え，それを実現するために職員たちはアイディアや方法を提示した。片山知事

---

184)　鳥取県担当者へのヒアリング（2015年3月）。

は終了のプロセスに直接関与し，これまでダム建設の根拠となってきたデータの再検討を命じた。嘉田知事は組織と財源と人事面で変更を図り，ダム事業終了を進めようとした。

　住民を終了のプロセスに参画させたのは知事の戦略的なものであったと考えられる。片山知事は議会とは緊張関係にあり，嘉田知事は無党派知事で，県議会与党の自民党とは政策選好が一致していない。いずれの知事も事業終了や振興策を含めた合意調達を県議会からあらかじめスムースに得ることが難しいと考え，住民を参画させることで自らの政策選好および政策選択に代表性と正統性を与えようとしたのではないかと考える。片山知事の終了プロセスの透明性へのこだわりも，可視化することで住民からの直接信託を受けやすくするための１つの手法だったのではないかと考える。知事は小選挙区制で選出され一般利益を指向する［曽我・待鳥，2007］とされ，本来であれば知事は県全体の世論から合意調達を行うべきところであるが，ダム事業は特定の地域に個別利益をもたらすもので，県全体の世論からの合意調達は得にくい特徴を持つ。そのため知事は限定された地域ではあるものの，建設予定地の住民をプロセスに参画させたというのが本書の主張である。終了対象となる県営ダム事業はその治水・利水の利益を享受する住民は特定の地域に限られ，県全体ではない。個別利益追求を目的とし，かつ中央政府から独立性の低い政策領域である河川政策の１事業であるがゆえに，広く一般利益を追求する知事からみると直接，住民から合意調達を行わざるをえなかったと考える。

　知事らは住民からの信託を得たことで地域振興計画を実施することとなり，今度はそこでの合意調達に長時間を要することとなった。両県ともに，終了決定までの期間は知事からの直接の指示が出されたため，比較的短期間であったが，終了後の地元との調整はより時間を要している。

　整理すると，知事主導で終了した計４事例の終了プロセスはいずれも「外部・長期」類型であった。次章では，職員主導の終了事例の検討を行う。

185）　ヒジノケンは一般的に首長が自らの政策プログラムに反発する議会に直面した時，首長は有権者に政策を直接訴え，彼らからその政策の正統性を得て，議会を「迂回する」手法があるという［ヒジノケン，2015：112-115］。

第5章　職員主導による終了事例

　本章の目的は，岩手，青森，新潟県で終了したダム事業の終了のプロセスを検討し，終了のプロセスはいかなるものかを明らかにすることにある。前章の鳥取と滋賀での終了事例は，終了を主導したのは知事で，終了のプロセスはいずれも「外部・長期」であった。

　岩手，青森，新潟の場合は，結論を先取りすれば，いずれの県でも全終了事例を職員が主導していた。この3県については，観察前には主導者は知事ではないだろうと予想はしていたが，誰が主導者であるかはわからなかった。そのため，地方議会や住民が主導者である可能性も含めて幅広く検討した結果，職員が主導していたことがわかった。先行研究で，政治的要因が終了促進要因になることが多く指摘されていたため [Bardach, 1976] [deLeon, 1978] [Lewis, 2002] [砂原, 2011]，職員が終了を主導した事例が存在することは発見であった。

　3県を率いる知事はいずれもダム事業の終了に特段強い政策選好を示さず，終了のプロセスに直接関与した事例はなかった。しかし，いずれの知事も1990年代の財政状況の悪化に伴い，これまでの政策選択を変更する県政の転換期があった。その転換期は地方政府によって数年は異なっていたが，共通していたのはこの転換期に最初のダム事業終了が行われ，その後一連の終了が続いていったことであった。転換期は，3県のうち岩手・青森では，知事の交代時期とほぼ合致していた。新潟は，知事の交代から転換期まで5年を要していた。職員らは財政状況の悪化と知事交代に伴い，たとえ知事からの直接指示がなくても，地方政府が目指す方向性の転換を認識し，それに対応する形で事業終了を進めていた。終了プロセスは事例によってヴァリエーションがあったが，この点はいずれの県でも共通してみられた特徴であった。

　職員主導事例では，終了プロセスの類型は「内部・短期」と「外部・長期」類型が多くを占めたが，当初想定していなかった「内部・長期」「外部・短期」に属する事例が複数存在した。

第1節　岩手県

　岩手県は1997～2014年に計5つのダム事業を終了した。本節では，これら5事業の終了プロセスを観察し，事業終了はいかなる経路をたどって決定されていくのかを明らかにする。

　岩手県は，日本の都道府県としては北海道に次いで2番目に広い[1]。北上川水系など一級水系のうち県管理の河川が204本あり，気仙沼水系など二級水系のうち県管理の河川が106本ある[2]。県内は山間部が大半を占め，河川は奥羽山脈および北上高地を源流として，他県に流入するものと直接太平洋に注ぐものに分けられる。

　2007年の北上川の水害では死者2名を出し，県内全域で被害が出た[3]。2010年でも水害が発生し，88戸の家屋の浸水被害があった。また2011年の東日本大震災で大きく被災し，河川を遡上する津波による被害を軽減するため下流に水門や堤防の整備を進めた。また，同じ年に豪雨で約100戸が被災するなど頻繁に水害が発生していて，住民の河川政策への関心は高い。県は2024年9月現在，10のダムを管理している[4]。時系列で整理し（表5-1-1），ダムの場所を示した（図5-1-1）。

1　明戸，日野沢ダム

　県は1997年に二級水系明戸川にある明戸ダム，二級水系久慈川にある日野沢ダムの2事業の終了を決定した。まず明戸ダムの終了の経緯を検討する。明戸ダムは利水・治水を目的にした多目的ダムで，1988年に予備調査，1990年に建設工事が開始された[5]。1996年，県は，明戸ダムからの利水で，魚の養殖を計画していた田野畑村と協議を行い，養殖の需要が減少したため利水を取りやめる

1）　『岩手の河川海岸—人と自然との共生を求めて』（平成25年4月）。
2）　同上。
3）　同上。
4）　岩手県「県土整備部管理のダム」https://www.pref.iwate.jp/kendozukuri/kasensabou/dam/1009968.html（2024/09/06確認）。

第5章　職員主導による終了事例

表5-1-1　［岩手県］終了したダム事業

ダム事業	終了決定	総貯水量
明戸	1997年08月	70万 m^3
日野沢	1997年08月	796万 m^3
黒沢	2000年11月	50万 m^3
北本内	2000年11月	1,070万 m^3
津付	2014年07月	560万 m^3

出典：県提供資料等をもとに筆者作成

図5-1-1　［岩手県］終了したダムの場所

出典：県提供資料をもとに筆者作成

と報告を受けた[6]。利水需要の縮小に伴い、県は事業の継続か終了かを検討することを開始した[7]。

---

5) 「事業経緯　日野沢ダム明戸ダム北本内ダム」岩手県県土整備部提供資料（2014年10月提供。以下本資料は「事業経緯　日野沢ダム等」とのみ記載する）、県担当者へのヒアリング。なお、岩手県は明戸、日野沢、北本内ダムの終了の経緯を公開していない。その理由について県担当者は「かなり以前のことで、（終了は）あまり褒められたことではないですし」としている（2014年10月）。小規模ダムの場合、予備調査が完了すると実施計画調査を行わず、即建設工事実施となるケースがある。岩手県の場合、ヒアリングでは、明戸ダムがこれに該当していた。

6) 「事業経緯　日野沢ダム明戸ダム北本内ダム」県提供（2014年10月）。

日野沢ダムは1978年に予備調査が開始され，1990年から実施計画調査が行われた[8]。1996年，県は，日野沢ダムからの利水を希望していた山形村や久慈市と情報交換を行い，利水需要が縮小している状況を把握した[9][10]。県は事業の継続か終了かの検討を始めた[11]。

　一方，翌年の1997年，国は「ダム事業の総点検」を実施し，県は国から，1998年度の補助事業の概算ヒアリングに向け検討を行うよう要請を受けた[12]。県は，当時計画があった県営ダム10事業について「総点検」を行った[13]。その3カ月後の8月，国は「終了・凍結選定の基準」を公表した[14]。県はこの「基準」に明戸・日野沢両ダムが該当することを確認した[15]。同日，県は，県議会常任委員会で2事業を終了する旨を示した。明戸ダムについては，事業目的として残った治水について，流域で大きな水害事案がないことからさらなる洪水対策は不要とした[16]。日野沢ダムでも，残った目的の治水は久慈川で行う方が経済的，とした[17]。県は事業終了の旨を山形村と久慈市に説明し，了承を得た。県は終了を県議会で示す際，地元の県議には事前に終了の旨を説明し，おおむね了承を得た。「総点検」の対象となった残り8事業は継続となった。県担当者の話では「進捗状況が中止判断に影響した[18]」という。

7）　県担当者へのヒアリング（2014年10月）。

8）　「事業経緯　日野沢ダム等」。

9）　山形村は2006年に久慈市と合併した。岩手県「県内市町村の合併状況」https://www.pref.iwate.jp/kensei/seisaku/bunken/gappei/1011834.html（2024/09/06確認。以下合併の状況は全て上記で確認した）。

10）　「事業経緯　日野沢ダム等」。

11）　県担当者へのヒアリング（2014年10月）。

12）　「事業経緯　日野沢ダム等」。

13）　県担当者へのヒアリング（2014年10月）。

14）　「ダム事業の総点検」でのこの「基準」の話がヒアリングで出てきたのは，岩手県だけであった。他の県は「基準」について「知らない」あるいは「記録に残っていない」としている。

15）　県担当者へのヒアリング（2014年10月）。

16）　県は1961年の災害復旧事業で，河川の安全度が1/10程度確保されており，以降洪水被害もなく，河川安全度を引き上げる必要がないとした。「事業経緯　日野沢ダム等」。

17）　県は日野沢川の治水対策では，安全度1/50で河川改修をしていて，最近は洪水被害もないため，早急に安全度をあげる必要がないとした。「事業経緯　日野沢ダム等」。

18）　県担当者へのヒアリング（2013年11月）。

第 5 章　職員主導による終了事例

　この時期の岩手県政について技術系の元副知事は「明戸・日野沢ダムが終了した1997年という時期は県にとって非常に微妙な時期だった」と語った。1995年4月，元建設省職員の増田寛也氏が新進党と公明党の推薦を受けて，初当選し，知事に就任した。増田知事は財政規律の確保を県政の柱に掲げた。しかし知事からダム事業を所管する部署に終了検討の指示はなく，事業終了には強い政策選好はなかったという。「当初，（知事は）ダムに厳しいスタンスかと思っていたが実際は異なっていた」という。一方，国の「総点検」の動きとは別に，1996年，県の河川事業予算は310億円とピークを迎え，1997年には公共事業予算も2,476億円とこれまでの最大規模となっていた。しかし元副知事は「公共事業をやるには1997年は最後のチャンスでありながら，財政はかなり厳しくなっている狭間の時期だった。予算要求しても金がつかないケースが多く，借金が増えていった。庁内の雰囲気も"事業継続"で頑張れない雰囲気で"そこまで継続してダム事業をやる必要があるのか"という意見もあった。"事業中止反対"を表立って言えない雰囲気だった」という。「いけいけどんどんでは（事業を）やれない状態にあるのが，庁内には一般認識としてあった」という。県立病院の経営見直しも着手され，花巻空港拡張や県営競馬場経営の見直しも検討され始めていた。「県財政が全国的にみて悪いことを職員は皆わかっていた」という。1997年10月，県は知事主導で財政規律の確保を目指す「行財政システム改革指針」を発表した。「指針」には，県債への依存減少や基

---

19)　技術系の元副知事（1997年当時県土整備部課長）へのヒアリング（2013年11月）。

20)　朝日新聞，1995年4月10日。

21)　県担当者へのヒアリング（2013年11月，2014年10月）増田知事が「公共事業の年間3割削減」を打ち出すのは，2003年実施の3選目を目指す公約を発表した時である。

22)　県担当者へのヒアリング（2013年11月）。

23)　同上。

24)　同上。

25)　技術系の元副知事（1997年当時県土整備部課長，以降は「技術系元副知事とのみ記載する）へのヒアリング（2013年11月）。

26)　同上。

27)　朝日新聞，2006年11月23日（岩手県版）他。

28)　技術系元副知事へのヒアリング（2013年11月），朝日新聞，2006年11月22日（岩手県版）。

29)　技術系元副知事へのヒアリング（2013年11月）。

113

表 5-1-2　明戸，日野沢ダムの進捗

ダム名	事業の進捗状況	総事業費（億円）	費消額（億円）
明戸	建設工事	51	4
日野沢	実施計画調査	207	4

出典：県提供資料等をもとに筆者作成

金の確保が盛り込まれた[30]。翌1998年度の県の一般会計予算は，48年ぶりのマイナス予算で，建設事業費は前年度比較で17％削減され，14年ぶりに前年度を下回った[31]。こういった状況を踏まえると，迫り来る財政危機と予算削減の兆候を敏感に感じ取っていた職員らは，知事からダム事業終了への直接指示がない状況で「十分に説明できないものは中止した。議論は冷静だった」という[32]。

　2事業の終了は，県が事業評価制度を導入する前のことで，再評価委員会などでの議論は行われていない[33]。進捗の状況を表5-1-2に示した。

　明戸，日野沢ダムは，県が自律的に終了検討を開始していたところに，国の「総点検」の対象にもなった。県担当者は「（終了の）きっかけは国から欲しかった[34]」としていて，「総点検」は終了促進要因になっていた。終了決定までいずれも1年以内で，県は，予定地や関連する市町村の首長らとは事前に合意調達を行っていて，終了反対アクターは存在しなかった[35]。住民との協議は行っていない。経緯を表5-1-3に整理した。

2　黒沢ダム，北本内ダム

　次に2000年に終了した2事業の経緯を検討する。県は，馬淵川水系黒沢川にある黒沢ダムと北上川水系北本内川にある北本内ダムの2事業の終了を決定した[36]。

30）　朝日新聞，1998年2月13日（岩手県版）。
31）　同上。
32）　技術系元副知事へのヒアリング（2013年11月）。
33）　明戸・日野沢両ダム事業の終了について公開資料は存在しなかった。県提供資料は筆者のヒアリングに対して県が作成したものである。
34）　同上（2013年11月）。
35）　同上（2014年10月）。

第5章　職員主導による終了事例

表5-1-3　明戸，日野沢ダムの終了の経緯

1978年	日野沢ダム予備調査開始
1988年	明戸ダム予備調査開始
1990年	明戸ダム建設工事開始 日野沢ダム実施計画調査開始
1995年4月	増田寛也知事，就任
1996年夏	県は，明戸・日野沢ダムの予定地の市町村から利水需要の縮小や消滅の報告を受ける
1997年	• 明戸・日野沢ダムいずれも国の「ダム事業総点検」の対象となる。 • 国が「終了・凍結」の基準公表，県は県議会で「終了する」旨答弁（8月5日） • 明戸・日野沢ダム終了決定（8月26日）

出典：県提供資料等をもとに筆者作成

　両ダムともに2000年の「与党3党の見直し」の対象となり，同年9月に検討を行うよう国から県に要請があった。[37] 両ダムは「総点検」の対象にはなっていたが，県は黒沢ダムを「継続」，北本内ダムを「休止」としていた。[38] 北本内ダム[39]は，地盤に問題があることが発覚し，事業費増大が見込まれ，利水需要も減少していた。黒沢ダム継続の理由は利水需要があり，北本内ダムが仮に終了した場合，予定していた工業用水が確保できなくなるためであった。[40]

　黒沢ダムは多目的ダムで，事業の目的は地元の安代町にある安比高原スキー[あしろ41]場への人工降雪を作ることおよび利水，洪水対策などであった。[42] 1990年に事業採択されたが，建設工事に着手できていなかった。2000年，黒沢ダムは「与党3党の見直し」の対象となった。県は安代町やスキー場開発業者らと協議を行い，スキー客の減少に伴い利水需要の減少を把握した。[43] 治水は今後，事業費が当初の65億円から71億円に膨らむこともわかり，河川改修の方が「有利」と判

36)　岩手県土木部「事業再評価調書」（平成12年9月）。
37)　同上。
38)　同上（平成10年10月）。
39)　同上，「平成10年度第2回公共事業評価委員会土木部会議事録」（平成10年10月23日）pp. 2-4, 2-5, 2-8, 2-9,「平成10年度第2回岩手県公共事業評価委員会議事録」（平成10年11月19日）p. 3。
40)　県担当者へのヒアリング（2013年11月）。
41)　2005年に西根町，松尾村と合併して八幡平市となる。
42)　「事業経緯　黒沢ダム」岩手県県土整備部提供資料（2014年10月提供）。
43)　同上。

115

断した[44]。10月の「岩手県公共事業評価委員会土木部会[45]」で「中止」の答申が示され，11月に県は終了を決定した[46]。

　北本内ダム事業は，1974年に予備調査，1980年に実施計画調査，1984年に建設工事が開始された。県は水道用水を利用する地元4市町の首長に個別に利水需要の確認を行った[47]。予定地は国有林の中にあったため，県は地権者に該当する営林局と営林署，取付道路の地権者にも利水需要の減少を説明し，1999年，休止を決定していた。その後，「利水調整委員会」が何度か開催され，2000年5月に近くの別のダムから工業用水が転用されることで決着がついた[48]。県は終了の方針を固め，2000年6月に「土木部会」での審議が開始された[49]。その一方，同年8月，北本内ダムは「与党3党の見直し」の対象となり，その2カ月後の「土木部会」で中止が答申され[50]，県は11月に終了を決定した[51]。近年流域で洪水被害がないこと，地盤の問題で当初230億円だった事業費が606億円に増大した等が理由とされた[52]。進捗は実施計画調査を完了していて，もともとあった市道を工事用取付道路にするための整備も終えていた[53]。

　黒沢ダムの終了検討開始時期は「与党3党の見直し」，北本内ダムは2000年5月の「別のダムからの利水の転用が可能となった時期」と県は回答した[54]。終了決定はいずれも2000年11月であったため，終了プロセスは3カ月と6カ月と短期間，県が意見聴取を行ったのは利水関係者や地元首長などで，住民からの

---

44) 「平成12年度第5回岩手県公共事業評価委員会土木部会」（平成12年9月30日），「土木次長挨拶要旨」，「公共事業再評価調書」，「土木部再評価事業および対応方針一覧」，「平成12年度第5回岩手県公共事業評価委員会土木部会進行要領」。

45) 以下，本文中では「岩手県公共事業評価委員会土木部会」を「土木部会」と記載する。岩手県は1998年に事業評価制度を導入した。

46) 「事業経緯　黒沢ダム」県提供資料（2014年10月提供）。

47) 「事業経緯　明戸　日野沢　北本内ダム」同上。

48) 同上。

49) 同上。

50) 県担当者は「与党3党の見直し」を「たまたまこのタイミングだった」と回答した（2014年10月）。

51) 「事業経緯　日野沢ダム等」。

52) 同上。

53) 「事業再評価調書」（平成12年6月）。

54) 県担当者へのヒアリング（2014年10月）。

第5章　職員主導による終了事例

意見聴取は行っていない。[55]「地元対応は最初の明戸・日野沢ダムの時の経験が
いきていた。どういうプロセスで地元対応するのか学習してわかっていた」[56]と
いう。つまり，岩手でも滋賀と同様に最初の終了事例（岩手県の場合は2事業で
あったが）が重要であった。職員らは最初の事例で学習をして，後続の終了事
例にその学習を反映させていくことになる。

　また，いずれの事業も終了へ「国からの影響はあった」[57]と県は回答した。
「『与党3党による見直し』は県にとって（終了に向けての）外堀が埋まったよう
な状態だった」[58]という。県が自律的に終了検討を進めていた北本内ダムも，国
の改革対象になったことは終了促進要因であった。北本内ダムは知事から「中
止の方向で」という意向は示されたものの，強い政治姿勢ではなく，知事は終
了プロセスには関与せず，主導したのは職員であった。[59]

　反対アクターは存在していない。進捗は，黒沢ダムは建設工事に着工できて
おらず，北本内ダムは建設工事に入っていた。北本内ダムは事業が進捗してい
たにもかかわらず反対アクターがいなかったことについて「予定地が国有林の
奥であったため，地元の認知度は高くなかったためではないか」[60]と県担当者は
考えていた。また元副知事は県議会が終了に反対しなかったことについて「議
員がダム事業の意義をどこまできっちり地元に説明できていたかは疑問で，県
を攻めるパワーも十分でなかった」という。いずれの事業も県は事前に予定地
の首長らとは終了の合意調達を行っていたが，住民らとの協議は行っていな
かった。終了にあたって「担当部署以外からのアクションはなく，財政部局も
何も言わなかった。（終了の）応援もしてくれなかった」[61]という。終了検討はい
ずれも「内部」で進んだ。両ダム事業の進捗を表5-1-4に示した。

　黒沢ダム，北本内ダムの終了のプロセスは「内部・短期」であった。終了の
経緯を整理すると表5-1-5，表5-1-6のようになる。

55）　同上。

56）　技術系の元副知事へのヒアリング（2013年11月）。

57）　県担当者へのヒアリング（2013年11月，2014年10月）。

58）　技術系の元副知事へのヒアリング（2013年11月）。

59）　同上，県担当者へのヒアリング（2013年11月，2014年10月）。

60）　県担当者へのヒアリング（2013年11月，2014年10月）。

61）　技術系の元副知事へのヒアリング（2013年11月23日）。

117

表5-1-4 黒沢, 北本内ダムの進捗

ダム名	事業の進捗状況	総事業費（億円）	費消額（億円）
黒沢	調査	71	3
北本内	建設工事（取付道路工事完了）	420	51

出典：県提供資料等をもとに筆者作成

表5-1-5 黒沢ダムの終了の経緯

1990年	予備調査開始
1995年4月	増田知事就任
1997年	国の「ダム事業の総点検」の対象となる。県は「継続」とする
1998年11月	県の「公共事業評価委員会土木部会」の審議対象となる。県は「継続」とする
1999年4月	増田知事再選
2000年8月	・「与党3党の見直し」の対象となる（8月） ・利水事業者と打合せ「利水需要なし」（9月） ・県の「土木部会」で「中止」の答申が示される（10月） ・黒沢ダム終了決定（11月）

出典：県提供等をもとに筆者作成

表5-1-6 北本内ダムの終了の経緯

1974年	予備調査開始
1984年	建設工事開始
1995年4月	増田知事就任
1997年	・県と利水事業者で需要縮小について対応を協議（4月） ・国の「ダム事業の総点検」の対象となる（8月）
1999年1月	・県は「休止」を決定（1月） ・増田知事再選（4月）
2000年5月	・県の調整で，利水は別のダムからの工業用水の転用が可能となる（5月） ・「与党3党の見直し」の対象となる（8月） ・県の「土木部会」で「中止」の答申が示される（10月） ・北本内ダム終了決定（11月）

出典：県提供資料等をもとに筆者作成

第5章　職員主導による終了事例

3　津付ダム

　最後に終了した津付ダム事業の経緯を検討する。気仙川水系大股川に多目的ダムとして計画され，1977年に予備調査，1981年に実施計画調査が始まった。[62]「総点検」の対象になったが，県は「継続」とし[63]，2000年に建設工事に着手した[64]。その後，利水需要が減少したため，2003年に事業目的は治水のみとなった[65]。2007年には取付道路の建設がはじまり[66]，一部住民の移転も行われた[67]。2010年，国の「検証要請」を受けたが，県の「大規模公共事業評価専門委員会」は「継続が妥当」と答申し[68]，県も「継続」としていた[69]。その後，2011年に東日本大震災が起きる。気仙川下流域の陸前高田市は大きく被災した。県は，陸前高田市の復興計画と市内を流れる気仙川を対象とした県策定の治水計画との整合性が取れている必要があると考えた[70]。「津波の被害を受けた地域に仮に震災前と同様の街づくりが進めば，これまでと同様にダムは必要になるが，そうでなければダムは不要となる可能性があった」という[71]。そのため，2011年3月，県はいったん「継続」とした検証結果を国へ報告することは保留した[72]。

　津付ダムをめぐっては，震災前から，事業推進賛成アクターと反対アクターが存在していた。1998年，1999年，2002年，2007年と地元は浸水被害を受けていて，流域の住田町，住田町議会，陸前高田市，気仙地区議会議員協議会からダム事業について早期完成の要望があった[73]。一方，2003年以降，「めぐみ豊かな気仙川と広田湾を守る住民の会」から「津付ダム建設事業の見直しおよび終

---

62)　「大規模公共事業　再評価調書（付表）」（平成26年6月）。
63)　県担当者へのヒアリング（2013年11月）。
64)　「大規模公共事業　再評価調書（付表）」（平成26年6月）。
65)　同上。
66)　同上。
67)　県担当者へのヒアリング（2013年11月）。
68)　「公共事業再評価委員会土木部会」が改称された。以下，本文中では「専門委員会」と記載する。
69)　「大規模公共事業　再評価調書（付表）」（平成26年6月）。
70)　県担当者へのヒアリング（2013年11月）。
71)　同上。
72)　「大規模公共事業　再評価調書（付表）」（平成26年6月）。
73)　「大規模公共事業　再評価調書」（平成26年6月）。

119

了を求める申し入れ」等ダム事業に反対する要望書も県に提出されていた[74]。

　震災後の2013年8月に県の「専門委員会」での審議が開始された。このタイミングで住田町と住田町議会が，2014年1月に住田町商工会，津付ダム商工会，「津付ダム地権者会」および「津付ダム関連流域8自治公民館」が，建設促進を求める要望書を県に提出した[75]。「専門委員会」の委員らは2013年10月に住田町長にヒアリングを行った。住田町長は終了反対で「地権者の人たちは非常に残念な思い……中略……今まで40年間ダムで振り回された我々の一生は何だったのか……中略……最後には結局ダムはつくらないのだと。我々が今間で苦しんできた40年をどう評価してくれるのですかという話を私は言われて何ともいえなくて」と意見を述べた[76]。

　県は2013年に計3回，陸前高田市と住田町で地域住民に対し「津付ダム建設事業に係る住民説明会」を開催した[77]。「県は地権者の気持ちをどのように斟酌し，ダム建設を中止したのか。地権者を含む地域住民とどのように向き合っていくつもりなのか」「洪水において避難所で一晩明かすことになった。……中略……防災をどのように考えているのか」「時間100mmの雨が降っている中で堤防のかさ上げで賄えるのか[78]」など終了に反対する意見が相次いだ。県はパブリックコメントでも意見の募集を行った[79]。委員らは，2014年3月に現地を調査した。2014年5月，6月に，県は改めて陸前高田市と住田町で計7日間，住民との「地域別意見交換会」を行い，事業終了への合意調達を試みた。そこでは「県はダム中止という説明。住民はまだダムを継続してもらえると考えている。県と住民との意見がかみあっていない」「ダムは必要という話であったが

---

74)　同上。

75)　「津付ダム建設事業　再評価補足説明資料」（平成26年度第2回大規模事業評価専門委員会）「津付ダム建設事業再評価に係る大規模事業評価専門委員会　再評価調書等の修正」。

76)　「平成25年度第3回岩手県大規模事業評価専門委員会」（平成25年10月29日）pp. 5-7。

77)　9月下旬から県は住田町と陸前高田市で説明会を行い，計約50人が参加した。

78)　「住民説明会における主な意見」2013年9月24日，9月26日，9月27日に県は住田町と陸前高田市で説明会を行い，計約50人が参加した。

79)　パブリックコメントで意見を募集した結果，8件の意見があり，中止賛成4件，反対4件だった（「大規模事業評価の答申への対応方針について」（平成26年7月28日岩手県政策地域部推進室））。

第 5 章　職員主導による終了事例

表 5-1-7　津付ダムの進捗

ダム名	事業の進捗状況	総事業費（億円）	費消額（億円）
津付	建設工事（取付道路工事・集落一部移転済）	141	70

出典：県提供資料をもとに筆者作成

今となっては中止も仕方がない」「中止の住民説明の前に委員会で審議が始まった。順序が逆である」「県が長年かけて地権者の反対にあいながらも県の主導でこれまで進めてきたのに今回の判断は残念」[80]等終了反対の意見が多く出された[81]。

　その結果，「再評価調書」は終了反対者の意見に配慮する形で多数の箇所の修正が行われた上で，2014年7月，「中止」の答申を県に提示した[82]。

　津付ダムの事業賛成アクターと事業反対アクターは，県が終了検討開始以降は賛成派と反対派が入れ替わる形となった。答申内容は修正され，多数の団体からダム建設促進要望書が提出されたことも加筆された[83]。代替策は河川改修（事業費30億円）で治水対応は可能とされた。

　県は「中止」の答申を得て，終了を決定した[84]。陸前高田市が2012年に策定した復興計画では，住宅の高台移転と市街地の中心部は公園や農地になることが決まり[85]，県はダム建設ではなくても対応可能とした。

　津付ダムの終了を県は「国からの影響を受けていない」とした。この時点での総事業費は約141億円で，事業費ベースで約50%を既に費消していた。津付ダムはこれ以前に終了された4事業と比べて最も進捗していて，取付道路の建設が進み[86]，集落の一部移転も行われていた[87]。津付ダムの進捗を**表 5-1-7**示し

80）　「平成26年度　第1回岩手県大規模事業評価専門委員会」の配布資料 No.3-2「気仙川・大股川の治水対策に係る意見交換会の結果（報告）」のうち「地域との意見交換会における主な意見と県の回答」pp.8-26。

81）　これ以外に県は地域の代表者への説明会も2回行っている。

82）　「津付ダム建設事業　再評価補足説明資料」（平成26年度第2回大規模事業評価専門委員会）「津付ダム建設事業再評価に係る大規模事業評価専門委員会　再評価調書等の修正」。

83）　同上。

84）　「岩手県大規模公共事業再評価調書，事業名『津付ダム建設事業』」。

85）　毎日新聞，2013年8月2日（岩手版）。

121

表 5 - 1 - 8　津付ダムの終了の経緯

1977年	予備調査開始
1981年	実施計画調査開始
1995年 4 月	増田知事就任
1997年	国の「ダム事業の総点検」の対象となる。県は「継続」とする
1999年	増田知事再選
2000年	建設工事開始
2003年	• 事業の目的が治水のみとなる • 増田知事 3 選
2007年	• 達増知事就任 • 取付道路工事開始
2010年	国の「検証要請」に対し，県は「継続」とする
2011年 3 月	• 東日本大震災発生 • 県は「継続」という国への報告を保留とする
2013年	• 県は地元市町村に終了の意向を説明開始（5 月） • 県の「専門委員会」で審議開始（8 月） • 陸前高田市と住田町で住民に対して「説明会」を 3 回開催（9 月）
2014年	• 陸前高田市と住田町で住民との「意見交換会」を 7 回開催（5，6 月） • 「専門委員会」が「中止」の答申を示す • 津付ダム終了決定（7 月）

出典：県提供資料等をもとに筆者作成

た。

　津付ダムの終了検討開始時期は「国への報告を保留した2011年 3 月」[88]であったため，終了決定の2014年 7 月まで約 3 年 4 カ月を要した。このうち実質 1 年については，県は陸前高田市の復興計画を「待ちの状態」[89]で，「震災後約 1 年を経過した時点でダム建設はもはや無理」と県は考え，残り 2 年半で地元市町村との調整など終了に向けて準備を進め[90]，地元市町村には終了の意向を説明

---

86)　国道397号線津付道路。2005年に事業着手。震災後「復興支援道路」と位置づけられ，2014年に開通した。岩手県「一般国道397号津付道路」https://www.pref.iwate.jp/engan/sumita/1014509/1014510.html（2024/09/06確認）。

87)　河北新報，2013年 8 月 2 日。

88)　県担当者へのヒアリング（2014年10月）。

89)　同上。

90)　同上。

第5章　職員主導による終了事例

表5-1-9　[岩手県] 終了プロセスの類型

ダム名	内部		外部	
	短期	長期	短期	長期
明戸	○			
日野沢	○			
黒沢	○			
北本内	○			
津付				○

表5-1-10　[岩手県] 終了プロセスに影響を与える可能性がある要因の状況

ダム名	主導者	国の影響	反対アクター	進捗	分権の進展
明戸	職員	あり	弱	建設	前
日野沢	職員	あり	弱	調査	前
黒沢	職員	あり	弱	調査	前
北本内	職員	あり	弱	建設	前
津付	職員	なし	強	建設	後

し，「専門委員会」での審議を経て2014年7月に終了を決定した。しかし，終了決定後も地元の住田町の副町長は「引き続きダム建設を県に求める」としていた。[91]県は終了したダム事業の治水面での代替策として河川改修事業を進めた。

　職員が主導した。知事は増田知事から達増拓也知事に交代していたが，[92]達増知事も終了プロセスに関与していないという。[93]前の4事業と異なったのは，住民の意見を聴取したことと，終了プロセスが3年4カ月と長期に渡ったことであった。住田町は終了決定時点でも終了に反対していた。地元の住民の中にも終了反対アクターが存在した。国からの影響はなかったという。津付ダム事業の終了のプロセスは「外部・長期」であった。終了の経緯を表5-1-8に整理

---

91)　毎日新聞，2013年8月2日（岩手版）。
92)　2007年の知事選では，増田知事の引退表明の後，外務官僚を経て衆院議員をつとめていた達増知事が民主党の推薦を受け立候補し，自民党推薦の候補を破り，当選した。
93)　県担当者へのヒアリング（2014年10月）。

123

した。

　岩手県で終了した全5事業の終了の経緯は以上である。前半に終了した4事業は「内部・短期」で，最後に終了した津付ダム事業のみ「外部・長期」となった。岩手県における終了の類型を**表5-1-9**に整理した。

　各事業の終了プロセスに影響を与えそうな要因の状況も多様であった。**表5-1-10**に整理して示した。相互参照については岩手県だけでは判断できないので，章の末尾に記載する。

小　括

　岩手県では事業の終了は全て職員が主導していた。増田・達増知事ともにダム事業終了に強い政策選好はなく，終了プロセスに直接関与したことはなかった。

　職員は知事からの直接の終了検討指示がなくても，知事交代や財政規律保持へ県政が転換していく状況にあわせて，自ら所管する事業の終了を主導していった。職員らはこういった状況を“庁内の雰囲気”と称した。最初の終了事例は，この知事交代と県政転換が起きた時期と軌を一にしていた。岩手では最初の終了事例の重要性を職員は強調した。職員は，最初の終了事例の経験や苦労，そこから得た政策ノウハウなどをのちの事例の終了検討に生かしていくことになる。

　類型は時系列で分かれた。前半の4事例は全て「内部・短期」，5事例目のみ「外部・長期」であった。紛争が起きたのは5事例目のみであった。事業が終了するとなると，一般的には賛成反対アクターが入り乱れて紛争になって揉めるというイメージとは異なり，地方政府内のほぼ関係者だけで粛々と検討が進み，反対アクターもおらず，短期間で終了が決まっていくという事例も一定数存在することがわかった。

第2節　青森県

　青森県は2003〜2011年までの間に県営ダム4事業を終了した。青森県は中央部に奥羽山脈が南北に連なり，秋田県との県境では白神山地を形成している。

第 5 章　職員主導による終了事例

表 5 - 2 - 1　［青森県］終了したダム事業

ダム事業	終了決定	総貯水量
磯崎	2003年10月	63万 m³
中村	2005年09月	1,800万 m³
大和沢	2010年12月	780万 m³
奥戸	2011年08月	159万 m³

出典：県提供資料等をもとに筆者作成

図 5 - 2 - 1　［青森県］終了したダムの場所

出典：県提供資料をもとに筆者作成

八甲田山の東側は丘陵地，西側は岩木川が流れていて，その流域は津軽平野である[94]。2024年11月現在，県が運用管理中のダムは計9つある[95]。

　4事例のダム終了の経緯を概観する。青森県では同一年に複数のダムが終了した事例はない。以下，時系列で整理し（表 5 - 2 - 1），各ダムの場所を示す（図 5 - 2 - 1）。

1　磯崎ダム

　磯崎ダムは，県が1991年に予備調査を開始し，利水と治水を目的として磯崎川に計画した[96]。1977年に磯崎川で家屋が浸水する洪水が起き，1985, 1988年にも被害があった等を契機としていた[97]。

---

94)　「平成27年度青森県県土整備行政の概要」，「１. 県土の状況」p. 19。
95)　青森県「青森県のダム」https://www.pref.aomori.lg.jp/soshiki/kendo/kasensabo/2008-0611-1813-624_00.html（2024/09/07確認）。

125

県は2003年10月に磯崎ダムを終了した。終了の理由は大きくは２点あった。[98]
１点目は，地元の深浦町[99]で水道整備が進み，利水事業から撤退したこと，２点目は，ダムの取付道路の土地取得が地権者の反対で困難になり，工事が進まなくなったこと，であった。完成予定は2006年度であったが，2003年に県の「公共事業再評価等審議委員会」[100]の検討対象になり，「中止」との答申がまとまり，県は終了を決定した。

　磯崎ダムの終了が決定した2003年は青森県政にとって大きな転換となる年であった。この年は，木村守男知事の女性問題による辞職に伴う知事選があり，元衆院議員の三村申吾氏が自民，公明，保守党の推薦を受けて初当選した。[101]三村知事は選挙公約に木村県政への批判として「ハコ物偏重投資を是正」[藤本，2020：125-126]を掲げていた。就任翌月に，前知事が策定した予算編成の際の基本の考え方となる「新県長期総合プラン」を全面的に見直し，「財政状況を踏まえて事業を絞り込む必要がある」として，「財政改革プラン」[102]や「新県基本計画」[103]を策定した。[104]三村知事は木村知事が進めた津軽海峡大橋の建設計画を[105]中止するなど大型プロジェクトの見直しを進めた。[106][107]三村県政初の予算となる2004年度予算では，一般会計予算は総額で６％カット，公共事業も13％削減さ

---

96)　青森県「平成15年度公共事業再評価」https://www.pref.aomori.lg.jp/soshiki/seisaku/seisaku/h15-saihyouka.html，「平成15年度公共事業再評価対象事業」（整理番号 H15-24）https://www.pref.aomori.lg.jp/soshiki/seisaku/seisaku/h15-taisyoujigyou.html（2024/09/07確認）。以下，上記資料を「平成15年度再評価」と記載する。

97)　同上。

98)　同上，県担当者へのヒアリング（2014年１月）。

99)　青森県西南部の町。

100)　以下，本文中では「公共事業再評価等審議委員会」を「審議委員会」と記載する。

101)　朝日新聞，2003年６月30日（青森県版）。

102)　同上，2003年７月４日（青森県版）。

103)　ここにはダム事業見直しは盛り込まれていなかった（県担当者へのヒアリング2024年10月）。

104)　当時の青森県政については［藤本，2020］に詳しい。

105)　木村知事１期目の1997年に「長期総合プラン」に盛り込まれた津軽海峡に架橋する計画であった。（朝日新聞，2003年６月15日，青森県版）。

106)　朝日新聞，2003年７月24日（青森県版）。

107)　青森県元県土整備部長へのヒアリング（2014年１月）。

第5章　職員主導による終了事例

れた。以降，青森県は緊縮予算が続く[109]。三村知事は前政権とは異なる政策選好[108]を打ち出し，県政は財政規律の保持に向かおうとしていた時期であった[110]。

　知事就任の2003年，当時，県が進めていたダム全5事業が「審議委員会」の対象となった。青森県が事業評価を導入したのは1998年で，1998年に審議対象になったダム事業は，全て2003年に再び審議された[111]。2003年の「審議委員会」のメンバーらは審議にあたり，県にダム建設の「考え方」を示すよう求めた[112]。県は三村知事就任翌月の2003年7月に「青森県ダム建設の見直し基本方針」を策定し，「審議委員会」に示した[113]。県職員は「長野県では「脱ダム宣言」が出され，全国的にもダム事業をめぐる状況が厳しくなっている中，青森県の基本姿勢を明らかにする必要があった」という。三村知事はダム事業の終了には強い関心を示さなかったが，この「基本方針」は「近年の財政環境の厳しさによる公共事業の抑制」と「審議委員会」では捉えられた[114]。一方，財政の厳しい状況や知事交代とは別にダム事業の終了検討は進んだとする職員もいる[115]。一方，

---

108)　朝日新聞，2004年2月20日（青森県版）。

109)　三村知事は財政規律の保持に政策選好があり，2011年にプライマリーバランスの均衡を可能としている［藤本，2020：210］。

110)　青森県財政改革推進委員会，「青森県の財政再建の目標と道筋―財政改革推進委員会報告―平成15年9月12日」。

111)　県担当者へのヒアリング（2015年6月）。

112)　同上（2014年1月）。

113)　2003年7月27日付の文書，青森県河川砂防課が作成した。内容は近年の財政環境の厳しさによる公共事業の抑制を前提にしたもので，さらに2001年に県が制定した「青森県ふるさとの森と川と海の保全および創造に関する条例」の趣旨を踏まえて，森と川と生態系の維持，保全等を総合的に勘案し，ダムを含むあらゆる比較案の検討を行うことが盛り込まれた。（「青森県ダム建設の見直し基本方針」から）以下，本文中では「基本方針」と記載する。

114)　2003年7月22日に県土整備部長（当時）がダム事業全般について知事にレクチャーを行っている。その際，知事は「私は脱ダム論者ではない。どうしても必要なダムは建設すべきである」という考えを述べたことが，2003年7月27日開催の「第4回青森県公共事業再評価等審議委員会議事録」に出席した河川砂防課担当者の発言として記載されている。しかし同時にこの場では同時に財政再建の必要性も確認されている。「平成15年度第4回青森県公共事業再評価審議委員会議事録」（平成15年7月27日），p. 20。

115)　「平成15年度第4回再評価議事録」（平成15年7月27日）（以下「第4回議事録」），p. 20，青森県河川砂防課担当者の発言。

「基本方針」策定の2年前に「青森県ふるさとの森と川と海の保全および創造に関する条例」[117]が制定されていた。この条例は，県，県民，事業者らが一体となって森と川と海を保全し，創造することを目的としていた。「審議委員会」の議論でも，河川砂防課担当者が「ダムにつきましても……（中略）……青森県ふるさとの森と川と海の保全および創造に関する条例の視点をこれから1つプラスしていこう」と述べていて，ダム継続か否かの議論に影響を与えている。[118]

県は「審議委員会」での議論中に，深浦町と協議し終了への合意を得て，[119] 2003年9月に，深浦町で住民に終了の旨，説明し，合意を得た。[120]県が説明したのは町内会長，漁協や利水の関係者，地元の歴史家や民俗研究者，自然保護団体のメンバーの計10人であった。[121]また同時に地元の専門家7人にもそれぞれ面会し終了についての了承を得た。[122]県は，住民に説明を行った理由を次のように述べている。磯崎川をめぐって県は当時，ダム終了とは別に「河川整備計画」を策定中であった。河川法では「河川整備計画」を策定する際には，自治体が必要とした場合には，住民からの意見聴取することが盛り込まれている。そのため，県は1998年11月～1999年3月にかけて，計4回，住民を対象とした「懇談会」や「流域住民説明会」などを行っていた。[123]これらは事業推進を目的としていた。また，一部地権者が土地収用に反対していたため，1996，1997，1998年に「地域懇談会」も実施した。いずれも事業推進のためであった。[124]そのため，県は「審議委員会」で「中止」の答申が示された段階で，改めて住民への説明が必要になったという。[125]答申以降，終了決定までに県が合意調達しようと

---

116) 県職員へのヒアリング（2024年10月）。
117) 青森県「青森県ふるさとの森と川と海の保全および創造に関する条例」https://www.pref.aomori.lg.jp/soshiki/kendo/kasensabo/2008-0612-1123-618morikawaumijyourei.html（2024/09/07確認）。
118) 「第4回議事録」，p. 20。
119) 県担当者へのヒアリング（2014年1月）。
120) 同上（2015年6月）。
121) 同上。
122) 同上。
123) 「平成15年度再評価」，県担当者へのヒアリング（2015年6月）。
124) 同上。
125) 同上。

第 5 章　職員主導による終了事例

した住民は，これまで事業推進で説明してきた住民とほぼ同じメンバーであった。[126)]

　一方，2003年の「審議委員会」では，県は，当時進行していた全ダム事業を
ここでいったん「棚卸」を行い，課題を整理した[127)]。県担当者は「（最初の事例
を）止めるのは勇気がいった」という[128)]。また「磯崎での経験は，その後のダム
中止を進める上で非常に役にたった。とりわけ，国との協議や中止後の河川整
備計画など河川環境の考え方の基本的な考え方を決める際に，スムースに進め
ることができた[129)]」ということであった。磯崎ダムと同時に審議対象となった他
事業は継続となった[130)]。継続事業には，追って終了になる中村ダム，大和沢ダム，
奥戸ダムが含まれていた。これら 3 事業にはそれぞれ「附帯意見」がついた[131)]。
この「附帯意見」はそのまま放置されることなく，のちにこれら 3 事業は「審
議委員会」で何度も，議論されることとなる[132)]。

　磯崎ダムは1997年の「ダム事業の総点検」の対象で，県は「国から提示され
た様式に沿って検討した」としている[133)]。次の「与党 3 党の見直し」の対象には
ならなかった。磯崎ダムは取付道路を建設中であった[134)]。事業費は57億円で，終
了時点では約10億円を費消していた。進捗状況を**表 5 - 2 - 2** に示した。

　深浦町は利水からは撤退した後，特に県に対し，ダム建設の要望はなかった
という。町議会からも1998年以降，建設要望は途絶えていた[135)]，終了に強く反対
する住民もいなかったという[136)]。磯崎ダムの終了検討開始時期については，県は

---

126)　同上。

127)　同上。

128)　同上（2014年 1 月）。

129)　同上（2024年10月）。

130)　この時に審議対象となった磯崎ダム以外のダム事業は，駒込，中村，大和沢，奥戸
　　　（「平成15年度再評価」から）。

131)　「平成15年度再評価」。

132)　中村ダムは「現在実施中の地すべり調査および自然環境調査の結果が明らかになり次
　　　第再評価審議委員会に諮ること」，大和沢ダムは「環境用水の補給と利用のための調査・
　　　検討，自然環境調査および流域住民の生産環境と生活環境の影響調査などを継続し，結
　　　果が明らかになり次第再評価審議委員会に諮ること」，奥戸ダムは「社会経済情勢の変化
　　　が明らかになり次第再評価審議委員会に諮ること」とされた（「平成15年度再評価」）。

133)　県担当者へのヒアリング（2015年 6 月）。

134)　磯崎ダムも小規模ダムで，予備調査の後，建設工事が実施されていた。

135)　「平成15年度再評価」（平成15年 7 月27日）。

129

表5-2-2 磯崎ダムの進捗

ダム名	事業の進捗状況	総事業費（億円）	費消額（億円）
磯崎	建設工事（取付道路工事中）	57	10

出典：県提供資料等をもとに筆者作成

表5-2-3 磯崎ダムの終了の経緯

1991年	予備調査開始
1997年	国の「ダム事業の総点検」の対象となる。県は「継続」とする
2001年	県は「青森県ふるさとの森と川と海の保全および創造に関する条例」を制定
2002年10月	深浦町が利水事業から撤退の意向が県に伝えられる
2003年	• 「公共事業再評価審議委員会」で審議開始（4月） • 三村知事就任（6月） • 県が「青森県ダム建設見直しの基本方針」を策定（7月） • 県の「審議委員会」で「中止」の答申が示される（7月） • 県は深浦町で住民への説明を行う（9月） • 磯崎ダム終了決定（10月）

出典：県提供資料等をもとに筆者作成

「深浦町の利水撤退以降の2002年11月頃[137]」と回答した。4回目の「審議委員会」で，県の河川砂防担当者は磯崎ダムを中止とする方針を説明し，2003年10月に県は終了を決定した。プロセスは1年以内であった。[138]

磯崎ダムの終了の経緯を整理して**表5-2-3**に示した。

2 中村ダム

県は2005年に中村ダム事業を終了した。中村ダムはもともと，東北農政局が中村川流域に「国営総合かんがい排水事業　鯵ケ沢東部地区」を開始したことが発端で，1981年に県は治水面から事業に参画する。[139]　1958年に流域の鯵ケ沢町[140]

---

136) 同上。

137) 県担当者へのヒアリング（2024年10月）。

138) 「平成15年度再評価」（平成15年7月27日）p. 21。

139) 青森県，「公共事業再評価調書」（整理番号H17-28）。

140) 青森県西部に位置し，日本海に面する町。

で，家屋300戸が被害にあう洪水があり，以降も，洪水が数回起きたためである。[141]

しかし県は事業開始後，国のかんがい事業と県のダム事業を整合させることに時間を要していた。[142] 東北農政局の事業は1998年に廃止された。[143] 中村ダムは，磯崎ダムが終了した時の「審議委員会」で「継続」との答申であったが，[144] 先述の通り附帯意見が付いたため，2005年に再び審議が行われた。[145] 中村ダム事業終了の理由は2点であった。[146] 1点目は，建設予定地の地すべり対策の必要を明らかになり，事業費が当初予定から約3倍の445億円に膨らんだこと，[147] 2点目は予定地付近にクマタカの営巣が発見されたこと，であった。

中村ダム事業終了の検討は，2005年の「審議委員会」より以前に，県河川砂防課は，鰺ケ沢町，岩木町の町長らと協議し，終了への合意調達を行っていた。委員会では，県担当者が地元との協議内容を「町の方からはダムは終了してもしようがないだろうと。ただ河道の改修を……（中略）……これを時間が掛かってもよいから何とかやって欲しい」「町と会合を持ちまして，担当の者から首長さんまで入ってやったわけです」。[148] 県は地元首長らの合意は調達していたが，住民からの意見聴取は行わなかったという。[149] その理由について「国のかんがい事業が終了した時点で，地元ではダム事業もそれに伴い，消滅したという認識であったため」としている。[150]

中村ダムは，磯崎ダムと同時に「総点検」の対象であったが，この時点では県は「継続」と国に報告をしている。「与党3党の見直し」では対象にならな

---

141) 青森県「平成17年度公共事業再評価調書」（整理番号H17-28）https://www.pref.aomori.lg.jp/soshiki/seisaku/seisaku/h17-saihyouka.html（2024/09/08確認）以下，関連資料は「平成17年度再評価」とのみ記載する。

142) 同上。

143) 同上。

144) 2003年の審議委員会では県担当者は中村ダムを「継続としてお願いしたい」と述べている（「平成15年度再評価」（平成15年7月27日）p. 21）。

145) 「平成15年度再評価」（別紙）の「附帯意見」より。

146) 青森県，「平成17年度再評価」（整理番号H17-28）と県担当者へのヒアリング（2014年1月）。

147) 県担当者へのヒアリング（2014年1月）。

148) 「平成17年度第3回再評価議事録」（平成17年7月3日）pp. 8-9。

149) 県担当者へのヒアリング（2015年6月）。

150) 同上。

表5-2-4　中村ダムの進捗

ダム名	事業の進捗状況	総事業費（億円）	費消額（億円）
中村	実施計画調査	445	10

表5-2-5　中村ダムの終了の経緯

1981年	実施計画調査開始
1997年	国の「ダム事業の総点検」の対象となる。県は「継続」とする
1998年	東北農政局がかんがい事業を廃止する
2001年	県は「青森県ふるさとの森と川と海の保全および創造に関する条例」を制定
2003年	・県の「公共事業再評価審議委員会」で審議開始（4月） ・三村知事就任（6月） ・県が「青森県ダム建設見直しの基本方針」を策定（7月）
2004年1月	・県の「審議委員会」で「継続」と判断されたが，「地質と自然環境の調査が明らかになり次第再度，委員会に諮る」とする附帯意見がつく。県は「継続」とする
2005年	・「審議委員会」で再度，審議が開始される（4月） ・「審議委員会」で「中止」の答申が出される ・中村ダム終了決定（9月）

出典：県提供資料等をもとに筆者作成

かった。進捗状況は実施計画調査段階で，強い反対アクターはいなかったという。[151]
進捗状況を表5-2-4に示した。

　中村ダム事業の終了を主導したのは職員で，県は住民の意見を聴取していない。終了プロセスは「内部」である。終了検討開始時期について，県は「2005年春」[152]と回答した。終了決定が2005年9月であるため，終了プロセスは1年以内であった。

3　大和沢ダム

　大和沢ダム事業は2010年12月に終了した。当初の事業目的は大和沢川の水質改善と治水対策であった。[153]地元の弘前市では，1960年代以降，河川の水質悪化

151）　同上。

152）　県提供資料による（2014年12月提供）。

153）　「平成22年度第3回青森県公共事業再評価等審議委員会」での資料7「大和沢ダム建設中止後の治水対策について」p. 2。

第5章　職員主導による終了事例

に伴い，魚の酸欠死やユスリカの大量発生が問題になっていた[154]。そのため大和沢川の水量を増やし，環境改善を行うこととなり，1993年に実施計画調査が開始された[155]。1975年に大和沢川周辺で，約170戸が浸水する洪水の被害も発生していた。

大和沢ダムも先述の磯崎・中村ダムと同様に2003年に「審議委員会」の検討対象となり，現地視察も行われていた[156]。その際，「地元意見確認の会議」が開催され，地元からは町会長や小学校校長，自然保護を目的とするボランディア団体の関係者，大学教授らが出席した[157]。当時，地元の町会長は「こういった施設ができれば幸いだということで，町会民の半数以上が安堵している[158]」とダム建設への期待が語られ，大学関係者も「大和沢ダムは是非実施の方向でよろしくお願いしたい[159]」と発言していた。弘前市の担当部長は雪対策として「ダムだのみで市は県へ重点要望項目として毎年出している状態[160]」と示した。答申は附帯意見がつき「継続」とされた。附帯意見は「ダム建設の可否を判断できるよう，環境用水の補給と利用のための調査・検討，絶滅危惧種などを含む自然環境調査および流域住民の生産環境の影響調査などを継続し，それらの結果が明らかになり次第，再評価審議委員会に諮る[161]」という内容であった。

その後，2010年9月，大和沢ダムは，後述の奥戸ダムとさらに別のダム事業とともに国の「検証要請」の対象となった[162]。しかし，県によると，大和沢ダムの終了検討は，「検証要請」の対象となる以前から自律的に行っており，2009年12月，三村知事と弘前市長が事業終了への合意を目的とした会談を行っていた[163]。2010年5月の「審議委員会」では[164]，大和沢川の河川水質は改善されたと

---

154)　同上。

155)　青森県，「公共事業再評価調書」（整理番号 H22-12）。

156)　「平成15年度再評価（現地調査）議事録」（平成15年7月6日）。

157)　同上，p.1。

158)　同上，p.7，地元の町会長の発言。

159)　「平成15年度再評価（現地調査）議事録」（平成15年7月6日），p.9，地元の大学教授の発言。

160)　同上，p.12。

161)　「平成15年度公共事業再評価対象事業に係る委員会意見及び県の対応方針」（別紙）。

162)　国河計調第6号「ダム事業の検証に係る検討について」（平成22年9月28日）。

163)　県担当者へのヒアリング（2015年5月）。

133

報告された。同年8月には委員らが地元の住民，自然保護団体の担当者，地元の中学校校長らからの意見を聴取した。聴取した理由は次のようなものであった。もともと県は大和沢川の治水対策として岩木川水系の「河川整備計画」を策定する際，事業推進を前提として自由参加の形で2003年に住民からの意見を聴取していた。県は終了に際し，2010年5月，終了の旨を伝える住民説明会を2回，弘前市内で開いた。終了への反対意見は出なかった。また，大和沢川の地域住民約4,000世帯に終了の方針を伝える「お知らせ」を配布した。「審議委員会」も住民の意見の聴取を希望し，県が対象住民の選定を行った。委員らは再度，現地を調査し，住民からは「災害等に強いダムの建設を要望する」「ダムの建設を中止するという県の判断は理解できる」とダム終了へ賛否両方の意見が出された。「審議委員会」は住民の意見を聴取した結果，「県から住民へ終了の説明が十分ではない」と考え，県は2010年10月，弘前市の広報紙とともに市内全約57,000世帯に「県からのお知らせ」として再度，終了の方針を説明するチラシを配布した。

　2010年11月に「審議委員会」は「中止」の答申を示し，県は2010年12月に終了を決定した。進捗状況は実施計画調査段階であった。

　県によると，強い反対アクターは存在しなかったという。県議会・市議会と

---

164)　県は「審議委員会」とは別に「検証要請」に対応するための「青森県ダム事業検討委員会」を設置していた。しかし，大和沢ダムは「検証要請」以前から検討が続いていたため，この「検討委員会」での審議は行われず，通常の「審議委員会」での対応となった。

165)　青森県「平成22年度公共事業再評価・事後評価」https://www.pref.aomori.lg.jp/soshiki/seisaku/seisaku/h22-saihyouka.html（2024/09/08確認），「平成22年度第1回青森県公共事業再評価審議委員会議事録」（平成22年5月8日），p. 48。以下「平成22年度再評価」と記載する。

166)　「平成22年度再評価第3回議事録」（平成22年8月29日）。

167)　県担当者へのヒアリング（2015年5月）。

168)　「平成22年度再評価第1回対象事業に係る質問事項回答書」p. 21。

169)　「平成22年度再評価第3回議事録」（平成22年8月29日）の配布資料「参考」p. 2-3。

170)　同上 p. 17, p. 21。

171)　「平成22年度再評価第4回議事録」（平成22年10月3日）の配布資料「参考」。

172)　「平成22年度再評価対象事業に係る県の対応方針について」（平成22年12月2日）。

173)　県担当者へのヒアリング（2014年1月）。

第 5 章　職員主導による終了事例

表 5 - 2 - 6　大和沢ダムの進捗

ダム名	事業の進捗状況	総事業費（億円）	費消額（億円）
大和沢	実施計画調査	287	9

出典：県提供資料等をもとに筆者作成

表 5 - 2 - 7　大和沢ダムの終了の経緯

1993年	実施計画調査開始
1997年	国の「ダム事業の総点検」の対象となる。県は「継続」とする
2001年	県は「青森県ふるさとの森と川と海の保全および創造に関する条例」を制定
2003年	・県の「公共事業再評価審議委員会」で審議開始（ 4 月） ・三村知事就任（ 6 月） ・県が「青森県ダム建設見直しの基本方針」を策定（ 7 月）
2004年 1 月	「審議委員会」で「継続」と判断されたが，附帯意見がつく
2004年～ 2009年	県は大和沢川，土淵川，腰巻川への維持用水および環境用水の補給と利用計画の検討，クマタカ等の環境調査，大和沢川の治水検討を行った。
2007年	三村知事再選
2009年12月	知事と弘前市長が終了を前提として協議
2010年	・「審議委員会」で審議開始 ・弘前市内で「中止」を知らせる「住民説明会」を 2 回開催（ 5 月） ・地域住民約4,000世帯に「中止」を知らせるチラシを配布（ 7 月） ・「審議委員会」のメンバーらが住民から意見聴取を行う（ 8 月） ・国の「検証要請」に奥戸ダム・大和沢ダムを含む計 3 ダムが対象となる（ 9 月）
2010年	・弘前市全世帯に「中止」を知らせるチラシを配布（10月） ・県の「審議委員会」から「中止」の答申が示される（11月） ・大和沢ダム終了決定（12月）

出典：県提供資料等をもとに筆者作成

もに強く反対しなかったという。[174) 住民の一部に先述の通りダム終了反対の意見はあったが，県が意見聴取の場を持ったこともあり，強い反対にはならなかった。[175) 大和沢ダムの終了検討開始は「2009年 4 月頃」[176) と県は回答した。終了決定は2010年12月であるため，終了のプロセスは 1 年以上になり，「長期」であった。

　大和沢ダム終了を主導したのは職員で，住民の意見を聴取していた。地元市

---

174)　同上（2015年 6 月）。

175)　同上。

176)　県担当者へのヒアリング（2024年10月）。

長と終了を前提にした協議を自律的に行っていたが，検討途中，中央政府で政権交代があり，後述の奥戸ダムと他１ダムとあわせて「検証要請」の対象となり，終了決定が奥戸ダムとほぼ同じタイミングとなった。結果的に１年以上の期間を要し，「外部・長期」類型となった。大和沢ダム事業は，終了プロセスで大きな紛争や対立が起きていない。

　終了の経緯を整理すると**表５-２-７**の通りである。

4　奥戸ダム

　青森県が最後に終了したのは奥戸ダム事業であった。[177] 2010年９月に国から「検証要請」[178] があり，県は通常の再評価委員会とは別に，この年の12月に「青森県ダム事業検討委員会」[179] を設置し，検討を開始した。[180] なお，国の「検証要請」に対し，「要請」に特化した「検討委員会」を設置したのは，青森県独自の対応ではなく，国から示された手順によるもので，他県でも同様の対応を行っている。

　奥戸ダムは，奥戸川流域で1958，1967，1969年に洪水被害があり，1975年にも家屋11戸が浸水する被害があった。これを機に県が大間町に計画し，1990年に事業を採択した。[181] しかし，ダム建設に伴う漁業への影響を懸念し，建設に反対する住民が多くいた上に，地域の人口減少が進み，利水需要が大幅に減少し

---

177)　奥戸ダムは小規模の生活貯水池に該当した。

178)　国河計調第６号「ダム事業の検証に係る検討について」（平成22年９月28日）。

179)　「青森県ダム事業検討委員会」のメンバーは，既存の「公共事業再評価等審議委員会」の委員と各事業の地元首長も参加した。（「平成23年度第１回青森県公共事業再評価等審議委員会議事録」（平成23年５月９日）p.60）「青森県ダム事業検討委員会」は，「検討後，対応方針（案）を作成し，青森県公共事業再評価等審議委員会」の意見を聴き，決定する」としている。（「第１回青森県ダム事業検討委員会」での配布資料１-２「個別ダム検証の進め方について」）以下，「委員会」とする。

　　　参照資料一式は以下の通り。「青森県　平成23年度　公共事業再評価・事後評価」https://www.pref.aomori.lg.jp/soshiki/seisaku/seisaku/h23-saihyouka.html（2024/09/08確認），青森県ダム事業検討委員会「青森　奥戸生活貯水池建設事業の検証に係る検討　概要資料　参考資料２-１」https://www.mlit.go.jp/river/shinngikai_blog/tisuinoarikata/dai17kai/dai17kai_ref2-1.pdf（2024/09/08確認）。

180)　「第１回委員会議事録」（平成22年12月11日）。

181)　「公共事業再評価調書」（整理番号 H23-23）。

ていた。[182]

奥戸ダムも，2003年の「審議委員会」で審議されていて，附帯意見がついていた。2008年に再び審議対象となったが，この時も「継続」との答申が示され，県は「継続」としていた。

県は2001年5月以降，住民へ事業を説明する「懇談会」を計7回行っている。[183]
1回目は奥戸川の「河川整備計画」の策定過程において開催されたもので，これはダム事業の終了を議論したものでなく，「河川整備計画」の策定過程で，自治体が必要と判断すれば，地域住民らの意見を聴取するとされた河川法に基づいたものだったという。[184] この「懇談会」は，事業推進を前提として行われていた。[185] その後も「住民説明会」が計3回行われているが，[186] これらはいずれも事業推進を前提とした「進捗の説明」であったという。[187]

「検証要請」の対象になった後，県は2010年12月に住民への説明を行った。これは逆に終了する旨を伝えることが目的であったという。[188] ここでは「山からの栄養が遮断されてしまうため，現在の計画地点で進めるのであれば（建設）反対」「大間原発は（奥戸ダムの）水道水を利用するのか」という意見が出された。[189]

県とは別に「委員会」も，2011年1月に住民の意見を聴取した。[190] この場では，地元住民以外にも，大間町長と奥戸漁業協同組合長に加えて，「下北野鳥の会」，「奥戸川蝉会」など自然保護団体のメンバーからも意見聴取を行った。[191] 自然保護団体のメンバーらは「計画には反対」と述べた。[192] 漁協の組合長は「住民に対してはもうちょっと納得いく説明をしてもらわなければ，海が汚れてど

182）　同上。

183）　同上。

184）　県担当者へのヒアリング（2015年5月）。

185）　同上。

186）　「公共事業再評価調書」（整理番号H23-23）。

187）　県担当者へのヒアリング（2015年5月）。

188）　同上。

189）　「奥戸生活貯水池に係る関係住民説明会での主な意見」（「第2回青森県ダム事業検討委員会」平成22年12月11日の資料1-3）。

190）　「公共事業再評価調書」（整理番号H23-23）。

191）　「第2回委員会議事録」（平成23年1月22日」p.1。

192）　同上，p.55。

うしようもないのに（県は）説明も十分にしない」と批判した[193]。大間町長は「安全が確保できるならば，治水はダムにこだわることもない」と終了に容認の姿勢を示した[194]。また県は2011年2月に住民から意見募集も行った。そこでは「今までの工事はダムありきで進められてきた……（中略）……今後は，住民が納得するまで話し合いをし，その上で住民の意思が生かされる計画をどう策定するかが重要ではないか」などの意見が出された[195]。

　これらを受けて委員長は「町の人たち全員，（ダムを）頼んだ覚えがないと言いました。ダムは欲しいとは一言も言っていないと言った。あんな馬鹿な話はありません。もし，これだけの人口減において，これだけのお金を使ってダムを造るということも誰も頼んでいないのにやったのだとしたら，その時の責任をどうするのか」「これだけ行政に対する不信感をもたれているのは珍しい」と県の政策決定過程を批判した[196]。他の委員からも「やはり，これまで地元の方々の意見を今まで聞いてこなかったというのが第一です」との意見が出た[197]。県は2011年2月に改めてさらに2回，住民へ終了する旨の説明会を大間町で行った[198]。計約30名の住民が参加し「漁師とすればダムに頼らない治水が大事」「河道掘削の工事で川が濁るのではないか」などの意見が出された[199]。

　最終的に「委員会」は「利水対策としては地下水取水を継続し，治水対策としては河道掘削と引堤案が妥当」とした。「ダム以外の工法で事業を進めることになるので，これまで以上に住民の理解を得ることが必要」と県への注文もつけた[200]。利水需要の減少は，人口減少に加えて大間町に計画があった大間原発[201]の建設が進捗しておらず，東日本大震災で工事が休止になったこともあった[202]。

　「委員会」の意見を受け，「審議委員会」も「中止」の答申を示し[203]，県は2011

193）　同上，p. 57。

194）　同上，p. 60。

195）　「第3回委員会議事録」（平成23年1月22日」p. 23。

196）　同上，pp. 25-26。

197）　同上，p. 27。

198）　県担当者へのヒアリング（2015年5月），「公共事業再評価調書」（H23-23）。

199）　「奥戸生活貯水池に係る関係住民説明会での主な意見及び県の考え方」pp. 1-2。

200）　青森県ダム事業検討委員会「駒込ダム建設事業および奥戸生活貯水池建設事業に関する検討結果」（平成23年3月21日）p. 2。

第 5 章　職員主導による終了事例

表 5 - 2 - 8　奥戸ダムの進捗

ダム名	事業の進捗状況	総事業費（億円）	費消額（億円）
奥戸	建設工事（取付道路工事中）	90	21

年 8 月に終了を決定した。奥戸ダムは実施計画調査が完了し，取付道路の建設
が進んでいた。[204] 奥戸ダムは「総点検」で対象となっていたが，県は「継続」と
判断していた。[205]「与党 3 党の見直し」では対象となっていなかった。県は国の
動きとは別に，2003年と2008年の「審議委員会」でも審議対象としていたが，
いずれも「継続」を決めていた。しかし，国からの「検証要請」の対象となっ
たことがきっかけで，改めて審議が開始され，終了が決定した。同時に検証対
象となった先述の大和沢ダムは終了し，あとの 1 事業は「継続」とされた。

　地元の住民は行政に強い不信感を持っていたものの，終了には強く反対して
いない。他に終了反対アクターはいなかったという。[206]

　県は終了検討開始を「2010年 9 月」[207] と回答したため，これは国の「検証要
請」のタイミングで終了決定まで11カ月で「短期」類型であった。

　奥戸ダムの終了も職員が主導していた。住民の意見聴取を行っていたが，終
了の類型は「外部・短期」類型に属した。

　奥戸ダムの終了の経緯を整理すると表 5 - 2 - 9 のようになる。

　最後に相互参照について述べる。青森県のダム終了の数年前に岩手県は一連
のダム事業を終了している。青森，岩手，秋田の「北東北 3 県」として，職員
の人事交流が頻繁に行われていた。[208] 1997年からは「北東北知事サミット」と呼

---

201)　大間原子力発電所。電源開発が2008年に着工した。東日本大震災の発生で本体建設工
　　　事は休止されたが，2012年に再開された。JPOWER 電源開発ホームページ「大間原子
　　　力発電所建設計画の概要」https://www.jpower.co.jp/bs/nuclear/oma/（2024/09/08確
　　　認）。なお，電源開発は，電力不足を解消するために設立された国の特殊会社で，2003
　　　年に民営化された。
202)　元県土整備部長へのヒアリング（2014年 1 月）。
203)　「公共事業再評価調書」（H23-23）。
204)　県担当者へのヒアリング（2014年 1 月）。
205)　同上（2015年 5 月）。
206)　同上（2014年 1 月）。
207)　県提供資料による（2014年12月）。

139

表 5-2-9　奥戸ダムの終了の経緯

1989年	予備調査開始
1990年	建設工事開始
1997年	国の「総点検」の対象となる。県は「継続」とする
2001年	県は「青森県ふるさとの森と川と海の保全および創造に関する条例」を制定
2003年	・県の「公共事業再評価審議委員会」で審議開始（4月） ・三村知事就任（6月） ・県が「青森県ダム建設見直しの基本方針」を策定（7月）「公共事業再評価審議委員会」で審議が開始される。
2004年1月	「審議委員会」で「継続」とされたが，附帯意見がつく
2006年	三村知事再選
2008年	「審議委員会」で審議対象となり，「継続」との答申が示され，県は「継続」を決定。
2010年	・国の「検証要請」の対象となる（9月） ・県は「青森県ダム事業検討委員会」を設置し，審議開始 ・県は「中止」を知らせる「住民説明会」を開催（12月）
2011年	・「検討委員会」が住民から意見聴取を行う（1月） ・県は「中止」を知らせる「住民説明会」を2回開催（2月） ・「検討委員会」が「中止」の答申を示す（3月） ・「審議委員会」が「中止」の答申を示す（5月） ・奥戸ダム終了決定（8月）

出典：県提供資料により筆者作成

ばれる3県の知事が定期的にトップ会談を行う試みもスタートした。現場レベルでの人事交流が本格化したのは2003年からで，青森県でのダム事業の終了が開始された時期と符合する。技術職同士の交流も行われていて，主任から課長級クラスが対象となった[209]。期間は約2年だった。終了の開始時期は岩手県が先行していて，青森県は岩手県の終了事例を参照した可能性はあると想定していたが，青森県は岩手県の終了事例を「隣の県なので担当者レベルでの会話ぐらいはあったかもしれないが，資料は残っていないので確認できない」と説明した[210]。岩手県の担当者は「青森県は岩手県の事例を参照している」としたが，青森県は「確認できない」とした。青森県担当者は岩手県の事例を参照しなかったと

208）　岩手県担当者へのヒアリング，青森県担当者へのヒアリングによる。
209）　同上。
210）　青森県担当者へのヒアリング（2014年1月，2015年6月）。

第5章　職員主導による終了事例

表5-2-10　[青森県] 終了プロセスの類型

ダム名	内部		外部	
	短期	長期	短期	長期
磯崎			○	
中村	○			
大和沢				○
奥戸			○	

表5-2-11　[青森県] 終了プロセスに影響を与える可能性がある要因の状況

ダム名	主導者	国の影響	反対アクター	進捗	分権の進展
磯崎	職員	なし	弱	建設	後
中村	職員	なし	弱	調査	後
大和沢	職員	なし	弱	調査	後
奥戸	職員	あり	弱	建設	後

した理由について「ダム事業は個別状況が異なるためではないか」と答えた。

　なお，青森県の「青森県ふるさとの森と川と海の保全および創造に関する条例」が交付されてから2年後に岩手県では「岩手県ふるさとの森と川と海の保全および創造に関する条例」が交付された。いずれの条例も内容はほぼ同じであった。岩手県の条例はダム事業終了に影響を与えたことは確認できなかった。

　青森県で終了した全事業の終了の経緯は以上であった。ここからは青森県でみられた特徴を整理する。

　終了のプロセスは1事例を除いて全て「外部」で進んだ。類型は「内部・短期」「外部・長期」以外の「外部・短期」も存在した。

　いずれの終了事例でも青森県には強い反対アクターはいなかった。県議会からは終了に絡んで質問はあったものの終了反対アクターではなかった。[211]財政部局も中止には関与しなかった。[212]住民からの合意調達もおおむね事前に得ていて，建設予定地の地元議会も反対はしなかった。[213]終了の時期はいずれも「後

---

211)　同上（2014年1月）。

212)　同上。

141

期」であった。磯崎ダムと奥戸ダムは，事業は進捗していたが，中村ダムと大和沢ダムは進捗していない。また国の影響があったのは奥戸のみであった。[214] 要因の状況を**表 5 - 2 - 11**に示した。

小　括

　青森県のダム事業終了を主導したのは職員であった。三村知事はダム事業終了そのものには強い政策選好はなかったが，就任直後から財政規律の保持には強い意欲を持っていて，前知事が進めてきた大型プロジェクトを見直し，県政を転換した。この年，ダム事業を所管する部署は「青森県ダム建設の見直し基本方針」を作成し，青森県で初めてダム事業の終了が決定した。青森県でも最初の終了事例が重要であったとされた。また最初の終了事例のタイミングは政権交代や県政転換とタイミングがほぼ一致していた。

　また，終了プロセス 1 事例を除いて全て住民の意見を聴取していた。想定していなかった類型に属したダムも 2 事業あった。住民の意見を聞いても短期間で終わっていく事例が存在していることになる。またいずれの事例も強い終了反対アクターが存在しておらず大きな紛争も起きていない。ここで推測されるのは，青森県は県独自の特徴としてそもそも住民からの合意調達が比較的スムースなのではないかということである。青森県では大きな紛争は起きていない。また，住民の意見を聴取する時の考え方や「審議委員会」での「附帯意見」の扱い方などにおいて，前例を丁寧に捉え，そこから逸脱はしない県職員の業務の進め方が随所に観察された。

　さらに 1 ダムのみが長期となっていたが，これは県が自律的に終了を検討していた事業で，国の改革と時期が重なっていて手続き上，長期になっていたに過ぎない。当初検討していた要因だけでは説明ができていない。

---

213)　同上（2015年 6 月）。
214)　同上（2024年10月）。

第5章　職員主導による終了事例

第3節　新潟県

　新潟県は，1997～2012年までに県営ダムを計9事業終了した。県営ダム事業の終了数は都道府県の中では管見の限りでは新潟県が最も多い。[215]

　新潟県には，信濃川，阿賀野川など日本有数の大河があり，県内に豊かな恵みを育む一方，1967年の羽越水害[216]，1995年の7.11水害[217]，1998年の8.4水害[218]など大きな水害が起きている。近年でも，2004年の7.13水害では死者15名，被害家屋約2万6千棟[219]，2011年の新潟・福島豪雨では，死者4名，被害家屋約1万3,300棟などの被害が出るなど以降も水害が頻発している。[220]

　9事業は終了した時期が，1997，2000，2002，2003，2012年であった。9事業の基礎データを表5-3-1に示した。

1　芋川ダム

　新潟県が最初に終了したのは芋川ダム事業で，1997年8月に終了を決定した。[221]芋川ダムは治水と利水目的として信濃川水系芋川沿いの山古志村[222]に予定されていた。県は1990年に事業を採択し[223]，総事業費は約27億円であった。[224]しかし，調査を進めたところ，地すべり地区であることがわかり，事業費が想定より膨らむことが判明した。県の担当者は「地滑り対策をすれば建設は可能だが，それ

---

215)　2番目に多いのは長野県と富山県で，いずれも8事業を終了した。表3-5参照。

216)　集中豪雨で死者96人，行方不明者38人，負傷者471人の被害が出た（朝日新聞，2001年10月20日（新潟県版））。

217)　集中豪雨で約400棟が床上浸水被害（朝日新聞，1995年7月20日（兵庫県版））。

218)　集中豪雨で1万世帯以上に浸水被害，河川の堤防や護岸が100か所決壊（朝日新聞，1998年8月5日（新潟県版））。

219)　朝日新聞，2004年7月21日（新潟県版）。

220)　新潟県「新潟県ダム事業概要（県土木部河川管理課・河川整備課）平成24年11月」，新潟県豪雨災害対策本部統括調整グループ「平成23年7月　新潟・福島豪雨による被害状況について」。

221)　県担当者へのヒアリング（2015年1月），朝日新聞，1997年8月22日（新潟県版）。

222)　2005年4月，4町とともに長岡市に編入した。新潟県「県内の合併状況」http://www.pref.niigata.lg.jp/shichouson/1203958856425.html（2024/09/08確認）以下，合併による市町村名の変更は上記URLで確認した。

143

表 5-3-1 [新潟県] 終了したダム事業

ダム事業	終了決定	総貯水量
芋川	1997年08月	70万 m³
中野川	2000年12月	22万 m³
正善寺	2000年12月	6万 m³
羽茂川	2000年12月	283万 m³
入川	2002年11月	153万 m³
三用川	2003年05月	29万 m³
佐梨川	2003年05月	2,950万 m³
常浪川	2012年07月	3,330万 m³
晒川	2012年07月	49万 m³

図 5-3-1 [新潟県] 終了したダムの場所

出典：表5-3-1・図5-3-1はともに県提供資料をもとに筆者作成

223) 本研究で観察を行った5県のうち，新潟県から提供された資料には「事業採択」という用語が使われていたため，本書でもそれに準じる。事業採択とは国の補助金等を受給する手続きを経て事業化することを指し，ダム事業の場合は，実施計画調査開始を指すことが多い。また，新潟県で終了したダム事業のうち中野川，正善寺，三用川ダムは小規模ダムで，小規模ダムの場合は，先述の通り，予備調査のあと実施計画調査を行わず，建設工事に入る場合が多いが，県から提供された資料には「調査段階」とされていたため，それに準じた。

第5章　職員主導による終了事例

には工事費が100億円近くかかる。小規模の生活ダムだけに投資効果が見込めなくなる」²²⁵⁾とした。

　一方，国は1997年に「ダム事業の総点検」を行った。県内では，当時計画中であった計16のダム事業が対象となり，県は芋川ダム事業のみを終了とした。²²⁶⁾県は芋川ダム終了を「県は独自に終了の方向で検討を進めていたところ，それが国の「総点検」の時期に合致した」²²⁷⁾という。県は終了決定の際，「総点検」に芋川ダムが含まれていることも考慮したという。²²⁸⁾

　当時の知事は平山征夫氏であった。元日本銀行仙台支店長の平山氏は，東京佐川急便事件で金子清前知事が辞職したことに伴う知事選に立候補し，自民，社会，公明，民社の与野党4党の推薦を受け，1992年10月に知事に当選し，4年後も与野党4党の推薦を受け，再選された。²³⁰⁾平山知事は，1期目は積極的に公共事業への投資を増やし，就任後初の予算にあたる1993年度は県単独公共事業費を前年度より3割以上増やした。しかし転換期が1997年に訪れる。1997年度の県の一般会計予算は42年ぶりに減額された。²³¹⁾平山知事は「（就任後）5回目（の予算編成）は最も厳しかった」「財政が相当厳しい状態になっていることを考えると，ブレーキを踏まざるを得なかった」²³²⁾と述べている。県は，野球場建設を先送りにするなどしたが，1997年度末に県債の発行残高がこの年の当初予算を上回ることも判明し，深刻な財政危機に陥った。以降，県単独の公共事業費は削減を続けていく。芋川ダム事業が終了した1997年は，この平山県政の転換期にあたっていた。平山知事はダム事業終了に特化した政策選好はなく，²³³⁾「ダムへの強烈な反対も推進もなかった」²³⁴⁾という。なお，1997年という年は岩

---

224)　県担当者へのヒアリング（2014年4月），県提供資料（2014年4月），朝日新聞，1997年8月22日（新潟版）。

225)　朝日新聞，1997年8月22日（新潟県版）。

226)　県担当者へのヒアリング（2014年4月）。

227)　同上（2014年6月，2015年1月）。

228)　同上。

229)　朝日新聞，1992年10月26日。

230)　同上，1996年10月21日。

231)　同上，1997年2月20日（新潟県版）。

232)　同上。

233)　県担当者へのヒアリング（2014年4月，2015年1月）。

145

表5-3-2　芋川ダムの進捗

ダム名	事業の進捗状況	総事業費（億円）	費消額（億円）
芋川	調査	27	6

出典：県提供資料をもとに筆者作成

表5-3-3　芋川ダムの終了の経緯

1990年	事業採択
1992年10月	平山知事就任
1996年10月	平山知事再選
1997年	• 県の一般会計予算が42年ぶりの減額となる • 国の「ダム事業総点検」の対象となる（7月） • 芋川ダム終了決定（8月）

出典：県提供資料をもとに筆者作成

手県でも県政転換が起きた年であった。

　芋川ダム終了検討の際，県が事前に調整したのは，地元の山古志村と長岡市のみで，地元市町から終了への反対はなかったという。[235] 山古志村は水道用水が必要であったが，信濃川水系の別の地点から確保した。[236] 県は終了に際し，住民との協議は行っていない。[237] 事業は調査段階であった。進捗状況を表5-3-2に示す。

　1997年時点で，新潟県はまだ事業評価制度を導入しておらず，庁内の議論を中心に終了は進められた。終了検討開始時期について県担当者は「平成9年7月」と回答したため，[238]「総点検」のタイミングと重なる。終了のプロセスの期間は1カ月であった。[239] 芋川ダムの終了を主導したのは職員で，「内部・短期」であった。終了の経緯を表5-3-3に示した。

234）　同上（2014年4月）。

235）　同上。

236）　県担当者へのヒアリング（2015年5月），県提供資料（2014年4月）。

237）　同上。

238）　県提供資料（2015年1月）。

239）　芋川ダムについては，本調査時点で，県が公開していた文書は存在しなかった。県担当者へのヒアリングとヒアリングに際し，県が作成・提供資料，新聞記事のみに依拠した。

第5章　職員主導による終了事例

2　中野川ダム，正善寺ダム，羽茂川ダム

　次に，県が2000年に終了を決定した中野川，正善寺，羽茂川ダムの3事業の終了の経緯を検討する。3事業は，いずれも多目的ダムで，1989〜1991年の間に事業採択され，全て実施計画調査の段階であった。3事業はいくつかの共通点があった。地質調査の結果，地盤に問題がある箇所があり，工事費が当初見込みより増加していること，この地盤の問題で完成まで相当な期間が見込まれること，現状の治水安全度や渇水発生の状況から，治水利水ともにダム事業としての緊急性が低いことなどであった[240]。こういった状況を受け，「公共事業再評価委員会[241]」が「中止」と答申し，県も終了を決定した[242]。終了プロセスにおける議論ではいずれも費用対効果の問題が重視されていた。中野川ダムの議論の際，県は2000年12月4日の「委員会」で「雪を溜めたり，融雪を制御する技術に要する費用が大きくなり，費用に見合う効果が得られなくなった[243]」と述べ，「雪ダム[244]」の効果は小さくなっていた[245]。正善寺ダム[246]も同様で，委員から「地質の悪さやそれに伴う工事費の増大は今回共通している。地盤の悪さはこの地域全般に言えることではないか」と質問も出て，県担当者は「これまでは地盤のよいところでダムを造ってこられたが，これからのダムは平場に近いところに

---

240)　土木部河川開発課「再評価実施事業一覧」（2017年4月30日時点では新潟県オフィシャルサイトに掲示されていてそこから取得した資料であるが，2024/09/08の確認では，県の公共事業再評価のページには，平成21年度以降の分しか公開されておらず，それ以前の分は掲載されていなかった。https://www.pref.niigata.lg.jp/sec/dobokukanri/1196266562865.html（2024/09/09確認）※筆者は手元に関連資料をダウンロード後オフラインで保存している。

241)　新潟県「公共事業再評価委員会」を以下，「委員会」と記載する。

242)　「平成12年度第4回新潟県公共事業再評価委員会」（以下，「平成12年度第4回再評価」と記載する。

243)　「平成12年度第4回再評価　5，議事概要　○ダム事業関係」。

244)　豪雪地帯で除雪した雪を流す河川に安定的に水を供給するためのダム。（国土交通省北陸地方整備局信濃川河川事務所の「消流雪用水導入事業」から）雪ダムについては，小倉・中西（1986）『雪ダム構想とその調査の概要』「雪害研究発表会11」，pp. 19-23，に詳しい。

245)　「平成12年度第4回再評価」。

246)　同じ名前のダムが既に稼働していて，それに加えてもう1基建設が予定されていた（県担当者へのヒアリング）。

147

候補地を求めるものも出てくる。そのため，地盤が悪く，調査・建設に要する費用が増大する[247]」と答えている。羽茂川ダムも同様の状況で，委員からは「ダムに頼るだけでなく代替案による方法でよいのでは」という意見が出された[248]。

それ以前に県は，事業評価制度を導入した1998年度に3事業を審査対象としたが，いずれも「継続」との答申を得て「継続」と決定していた。「委員会」では「358事業が審議の対象になったが，審議は5ヶ月間で約3回だけ。全事業を検討するのは難しいため，33件を抽出して議論した[250]」と当時の委員長が後に述べていて，3事業は個別の「議論はされていない[251]」という。

その後，2000年の「委員会」でも当初，3事業は対象ではなかった。しかし，「与党3党の見直し」の対象になったため，県は急きょ当初3回の予定だった会合を4回に増やし，12月4日に4回目の会合を開催し，3事業の審議を行った[252]。その結果，委員会は3事業を「中止」との答申をまとめた。この時の委員長は，「与党3党の見直し」を受けて終了を決めたことを「今後は外圧で動くのではなく，自己評価のシステムを確立する必要がある」と苦言を呈している[253]。この場合の「外圧」とは国の動きを指すのであろう。

中野川，正善寺ダムの終了に際し，各事業の予定地である新井市[254]，上越市は一貫して，終了に強く反対した。両市は，「終了は寝耳に水」と継続の要望書[255]を県や県議会，自民党新潟県連などに提出した[256]。県の説明では「この地域は豪雪地帯で，消雪のための水を貯溜するダム建設の要望が強く，終了に反対したと推測される[257]」という。新井市は「ダム事業の建設を要望したばかり[258]」であった。

---

247) 「平成12年度第4回再評価」。

248) 同上。

249) 朝日新聞，2000年12月5日（新潟県版）。

250) 同上，2000年10月3日（新潟県版）。

251) 同上。

252) 新潟県「平成12年度第1回再評価議事要旨」で確認。

253) 朝日新聞（新潟県版），2000年12月5日。

254) 2005年4月1日に新井市は妙高高原町，妙高村への編入を行い，妙高市へ名称変更した）。

255) 県担当者へのヒアリング（2015年1月）。

256) 同上。

257) 同上。

第 5 章　職員主導による終了事例

表 5 - 3 - 4　中野川，正善寺，羽茂川ダムの進捗

ダム名	事業の進捗状況	総事業費（億円）	費消額（億円）
中野川	調査	53	12
羽茂川	調査	134	10
正善寺	調査	25	6

出典：県提供資料等をもとに筆者作成

表 5 - 3 - 5　中野川，正善寺，羽茂川ダムの終了の経緯

1989年	中野川ダム事業採択
1990年	羽茂川ダム事業採択
1991年	正善寺ダム事業採択
1992年10月	平山知事就任
1996年10月	平山知事再選
1997年7月	3事業とも国のダム事業「総点検」の対象となる。いずれも県は「継続」とする
1998年4月	県の「公共事業再評価委員会」で3事業とも審議対象となる
1999年4月	3事業とも「継続」と答申され，県は「継続」とする
2000年	• 「与党3党の見直し」で3事業が対象となり，この年の「委員会」での審議対象に追加される（8月） • 新井市と上越市が継続を求める要望書を県などに提出 • 「公共事業再評価委員会」で3事業とも「中止」と答申される。 • 中野川ダム，正善寺ダム，羽茂川ダム終了決定（12月）

出典：県提供資料をもとに筆者作成

一方，羽茂川ダムの地元である羽茂町[259]はダム終了に特に反対はしなかった[260]。県は3事業とも住民への意見聴取は行っていないという。終了に伴う代替策があったのは，羽茂川ダムのみで，河川改修とそれにあわせた県道の改良工事が行われた[261]。強い反対アクターがいた中野川ダム，正善寺ダムについて，県は代替策を行わなかった[262]。3事業とも進捗状況はいずれも調査段階であった。進捗

---

258)　朝日新聞，2000年12月5日（新潟県版）。
259)　2004年3月に9市町村と合併し，佐渡市となった。
260)　県担当者へのヒアリング（2015年1月）。
261)　県提供資料（2014年4月）。
262)　県担当者へのヒアリング（2015年1月）。

149

を表5-3-4に示す。

中野川，羽茂川，正善寺ダムのいずれも終了検討開始は「2000年8月」で，[263)
終了決定は2000年12月であったため，終了のプロセスは全て4カ月で，「内
部・短期」であった。強い反対があっても，短期間で終了したことである。終
了の経緯を整理した。

3 入川ダム，三用川ダム

2002年に入川ダム，2003年に三用川ダムが終了した。これら2事業は「与党
3党の見直し」の対象にはならなかったが，「見直し」をきっかけに県が独自
で終了検討を行った上，終了を決定した。[264)

入川ダムは，県が相川町に建設を予定していた多目的ダムで，1993年に事業[あいかわ265)
採択された。[266)しかし，予定地にあった鉱山の跡地の工事費が増加し，当初事業
費約95億円が182億円になることがわかった。利水需要も減少した。[267)2002年の
「公共事業再評価委員会」で県は入川ダムの治水について「改修を必要とする
全ての河川について，目標とする治水安全度を1回の河川改修で達成すること
は膨大な費用と時間を要することとなり，一義的には既存施設を生かしなが
ら，段階的に治水安全度を上げて行かざるを得ない」[268)と説明した。相川町は
「計画当初は水源として期待していたが時間がかかりすぎた。現在は他の川で
水源を確保できていて，町にとっても中止は妥当」とし，終了には反対しな
かった。[269)終了決定時点で約3億円を費消していた。[270)「委員会」の議事には「町
の幹部の人には（治水安全度のリスクがある程度大きくなることを）話しておりま
すが，地域住民に直接説明した経緯はありません」[271)と記載されていて，県は終

---

263) 県提供資料（2015年1月）。

264) 同上。

265) 2004年3月に計9市町村と合併し，佐渡市となった。

266) 県提供資料（2014年4月）。

267) 「平成14年度公共事業再評価の概要と今後の実施方針」p.3，朝日新聞（新潟県版），
2001年8月21日。

268) 「平成14年度第1回新潟県公共事業再評価委員会 議事の概要」（以下，「平成14年度
第1回再評価 議事の概要」と記載する）。

269) 同上。

270) 同上。

150

第 5 章　職員主導による終了事例

了に際し，住民との協議などは行っていない[272]。

2003年に終了した三用川ダム[273]も，終了要因は入川ダムと共通していた。三用川ダムは，県が信濃川水系の大和町に計画を予定していた多目的ダムで[274]，1989年に事業採択された。地質調査の結果，ダムの形式や建設場所の変更が必要となり，当初想定されていた事業費も28億円が62億円に増加することがわかり，終了が決定した[275]。調査費だけで約10億円が支出され，通常の調査費の2倍がかかったと2003年の「委員会」で当時の県担当者が報告している[276]。「委員会」では「地質調査に13年かかっているが長すぎる」「そもそも巨額の投資をするべきだったのか」「ダム計画を見直さなければならない時期になぜ委員会に諮らなかったのか」と県の見通しや判断を批判する意見が相次いだ[277]。

これら 2 事業は「ダム事業の総点検」，1998年の「委員会」での再評価の審議を経て県は「継続」としてきた。県は「与党 3 党の見直し」の対象にはならなかったが，これを契機に「詳細は不明だがこの時点から検討を開始した」[278]という。もともと問題を抱えていたダムを，国の改革の動きに呼応する形で独自に検討を進め終了した。検討開始のきっかけは「見直し」で，終了に際し県は「国からの影響を受けた」[279]としている。

県は「見直し」の対象となった 3 事業に加えて，入川・三用川ダムも含め，計 5 事業について，ほぼ同時期に検討を開始し，まず先に「見直し」の対象となった 3 事業を終了し，その後県は独自で検討を進めてきた入川，三用川ダムを終了した。いずれも強い反対アクターは存在しておらず，事業は調査段階であった[280]。

---

271)　「平成14年度第 1 回再評価　議事の概要」。

272)　県担当者へのヒアリング（2015年 1 月）。

273)　小規模ダムの生活貯水池であった。

274)　2004年11月に六日町と合併し南魚沼市となった。

275)　朝日新聞，2002年 7 月 3 日（新潟県版），「平成15年度公共事業再評価の概要と今後の実施方針」（以下，「平成15年度再評価の概要と方針」と記載する）。

276)　「平成15年度第 1 回新潟県公共事業再評価委員会　6 ，質疑応答の概要」（以下，「平成15年度第 1 回再評価　質疑応答」と記載する）。

277)　同上。

278)　県担当者へのヒアリング（2015年 1 月）。

279)　同上。

151

表5‑3‑6　入川，三用川ダムの進捗

ダム名	事業の進捗状況	総事業費（億円）	費消額（億円）
入川	調査	182	3
三用川	調査	62	10

出典：県提供資料等をもとに筆者作成

　これら2事業についても，県は地元の相川町，大和町，小出町[こいでまち]には「（終了[281]）は）伝達していると思う[282]」とはするものの，住民と協議した形跡を確認することができなかった。入川ダムは終了に伴う代替策は行われず，三用川ダムは治水対策として河川改修を実施するとされた[283]。2事業の進捗を表5‑3‑6に示した。

　入川，三用川ダムの終了検討開始はいずれも「平成12年8月」と県は回答し[284]，これは「与党3党の見直し」タイミングである。終了決定については，入川ダムは2002年11月，三用川ダムは2003年5月であるため，終了プロセスはそれぞれ2年3カ月，2年9カ月でいずれも「長期」である。強い反対運動は起きていない。この点は，前の中野川，正善寺川ダム事業の場合と同様に追ってまとめて検討する。終了の経緯を表5‑3‑7に整理した。

4　佐梨川ダム

　2003年には佐梨川ダム事業も終了した。県が湯之谷村[ゆのたにむら]に予定していた多目的[285]ダムで，1994年に事業採択された[286]。しかし，2001年9月，建設費用の約6割を負担予定だった電源開発が，需要縮小を理由にダム事業から撤退した[287]。県はいったんダムの目的を治水のみに絞り，規模を縮小した上での事業継続も検討

280）　同上。
281）　2004年11月に計5町村と合併し，魚沼市となった。
282）　県担当者へのヒアリング（2015年1月）。
283）　県提供資料（2014年4月）。
284）　同（2015年1月）。
285）　2004年11月に計5町村と合併し魚沼市となった。
286）　「平成15年度再評価の概要と方針」。
287）　朝日新聞，2003年3月15日（新潟県版）。

152

第 5 章　職員主導による終了事例

表 5 - 3 - 7　入川，三用川ダムの終了の経緯

1989年	三用川ダム事業採択
1993年	入川ダム事業採択
1997年	両ダムは，国のダム事業「総点検」の対象となる。県は「継続」とする
1998年 4 月	両ダムは，県の「公共事業再評価委員会」で審議対象となる
1999年 4 月	「継続」と答申が出され，県は「継続」とする
2000年 8 月	「与党 3 党の見直し」で中野川，羽茂川，正善寺ダムの 3 事業が対象となる
2000年12月	「委員会」で中野川，羽茂川，正善寺ダムがいずれも「中止」と答申され，終了決定
2002年11月	入川ダムが「委員会」で「中止」と答申され，終了決定
2003年 5 月	三用川ダムが「委員会」で「中止」と答申され，終了決定

出典：県提供資料等をもとに筆者作成

したが，治水対策は河川改修の方が有利と判断し，事業を終了した。終了時点[288]で県は44億円を費消していた。[289] 2003年の「委員会」での議論で県担当者は「既に投資した40億円を代替案の河川改修にはあまり利用できない」[290]と説明し，委員らからは「40億円かけないと継続・中止の判断が出来ないことに驚いた」などの批判が出た。[291] 事業の進捗は調査段階であった。県は終了を湯之谷村に「事前に伝達したと思う」としたが，住民の意見を聴取してはいない。[292] 強い終了反対も特になかったという。[293] 県は終了検討開始を「平成13年 9 月」とし，これは電源開発が事業から撤退したタイミングで，終了決定は2003年 5 月であるため，終了のプロセスの期間は約 1 年 8 カ月であった。県は電源開発の事業撤退後，サンクコストを考慮しいったん継続の可能性も検討したため，時間を要した。佐梨川ダム終了に伴う代替策について県は河川改修を段階的に実施するとした。進捗状況を**表 5 - 3 - 8** に示す。

　終了の経緯を**表 5 - 3 - 9** に整理した。

---

288)　同上。
289)　「平成15年度第 1 回再評価　質疑応答」。
290)　県提供資料（2014年 4 月25日）では，終了決定までに費やされた費用は「44億円」とされていたが，委員会では「40億円」で議論されていた。
291)　同上。
292)　県提供資料（2015年 1 月）。
293)　県担当者へのヒアリング（2015年 1 月）。

153

表5-3-8　佐梨川ダムの進捗

ダム名	事業の進捗状況	総事業費（億円）	費消額（億円）
佐梨川	調査	420	44

出典：県提供資料等をもとに筆者作成

表5-3-9　佐梨川ダムの終了の経緯

1994年	事業採択
1997年	国の「ダム事業総点検」の対象となる。県は「継続」とする。
1998年	県の「公共事業再評価委員会」で審議対象となる
1999年	「継続」との答申が出され，県は「継続」とする
2001年	電源開発が事業から撤退
2003年	• 県の「委員会」で「中止」と答申される • 佐梨川ダム終了決定

出典：県提供資料等をもとに筆者作成

5　常浪川ダム，晒川ダム

　最後に，常浪川ダムと晒川ダムの終了の経緯を検討する。常浪川ダムは阿賀野川支流の上川村に計画が進んでいた多目的ダムで，1962年に予備調査開始，1973年に実施計画調査開始，1982年に建設工事に着手していた[295]。1999年に発電事業者が撤退し，治水ダムに転換した。1998年以降計4回，県の「再評価委員会」で審議が行われているが，いずれも「継続」と示され，県は「継続」としてきた。水没予定集落にあった44戸の移転も終わっていた[296]。総事業費は364億円で，うち119億円がすでに費消されていた[297]。

　晒川ダムは1984年に予備調査，1987年に実施計画調査，1990年に建設事業採択された多目的ダムで[298]，治水・利水以外に雪害対策も目的とした。費用は約86億円で，27億円が費消されていた[299]。建設に伴う家屋移転が必要とはされておらず[300]，

294）　2002年に2町1村と合併して阿賀町となった。
295）　「平成16年度公共事業再評価の概要と今後の実施方針」（以下，「平成16年度再評価の概要と方針」と記載する）。
296）　県担当者へのヒアリング（2014年4月）。
297）　県提供資料による（2014年4月）。
298）　「平成16年度再評価の概要と方針」，小規模な生活貯水池であった。

第 5 章　職員主導による終了事例

取付道路の工事が始まっていた。1999年以降計 3 回，県の「再評価委員会」で審議が行われているが，いずれも継続とされてきた。

2010年の国の「検証要請」で，常浪川，晒川ダムを含めた県内の計 4 ダム事業が対象になった。県は通常の公共事業評価委員会とは別に，この検証に目的を特化した「新潟県ダム事業検証検討委員会」[301]を設置し，2010年 9 月，議論を開始した。[302]「委員会」は，国から示された評価軸（安全，コスト，持続性，柔軟性，地域社会への影響，環境への影響）などから事業の検証を行った。[303]

新潟県政では，2004年10月，経済産業省出身の泉田裕彦氏が，自民，公明の推薦を受けて初当選し，平山知事からの政権交代が起きていた。[304]泉田知事は平山知事よりもさらに財政規律の引き締めを行い，2006年度予算では，1974年以降最小規模となった。[305]県のダム事業を含む河川事業費は1996年度をピークとして，2010年時点で 4 分の 1 となっていた。[306]泉田知事については「特段ダム事業の中止に強い意欲はなかった。ただ，専門家の意見を聞いて政策を主導するやり方で，具体的には専門委員会を設置して意思決定するパターンが多い」[307]ということであった。

「検討委員会」の議論で県が強調したのは「コスト」であった。第 1 回目の「検討委員会」冒頭で，県担当者は「一定の安全度を確保することを基本としながら，コストを最も重視する」[308]と話した。 2 回目の「検討委員会」でも委員からは「ダムが計画された時の予算のつき方と現在の予算のつき方は全然違うわけですね。ですからこういう予算状況の中で果たしてダムがいいのかどうか，地元のためを考えて，効果を早く発現するには他に方法がないのかという視点を持たないといけない」[309]という発言が出た。常浪川ダム周辺の現地調査も

299)　県提供資料による（2014年 4 月）。

300)　同上。

301)　「新潟県ダム事業検証検討委員会」は以下「検討委員会」と記載する。

302)　「第 1 回検討委員会　議事録」。

303)　「新潟県ダム事業検証検討報告書」（検討委員会，平成23年 8 月26日）。

304)　朝日新聞，2004年10月18日。

305)　朝日新聞，2006年 2 月18日（新潟県版）。

306)　県担当者へのヒアリング（2014年 4 月）。

307)　同上。

308)　「第 1 回検討委員会議事録」（平成22年 9 月30日）p. 8。

155

行われた。また両事業ともに，県は地域住民の意見聴取とパブリックコメントを実施した。地域住民の意見聴取については，県は国の「実施要領」に従って「流域懇談会」を設置し，そのメンバーは予定地の市町で協議した上で決めていた。[311]

　常浪川ダムの「流域懇談会」のメンバーは，地元の首長や町議会議長，漁協の代表，地域の住民代表ら計7名で構成された。[312]「流域懇談会」は2010年10月と2011年2月の2回開催され，一般傍聴も許可された。ここでの議論では「地域の代表としてダム建設を切に望む」「ダム計画の話が出てから約40年が経過し，更にダム完成には30〜40年かかるとのことであるが，防災事業を期限決めずに計画を立てることを心配し，不信に思う」「農業・漁業関係者の大半はダムではなく，護岸や堤防かさ上げに重点を置いてもらいたい。漁協は昭和45年ごろに組合の総代会でダム建設反対の決議をした[313]」と賛否両論が出た。[314]

　晒川ダムの「流域懇談会」は，利水関係者として「十日町市流雪溝運営協議会会長」，地域代表として，それぞれの地区の会長，土地改良区の代表，漁協の組合長，地元の防災組織の代表，十日町市長など計12名で構成された。[315]晒川ダムの「流域懇談会」は2010年10月と2011年2月の2回開催された。「ダム建設を進めてほしい」「用地等の協力をしてきた過去の経緯を踏まえるとコストだけを見て議論を進めることには市民感情として納得できない」「今後30年もかかるのであれば，ダムを止めて簡易な治水対策を行い，5年以内に利水を活用できるよう勧めることが市民のため」とここでも賛否両論が出た。[316]晒川ダム

309）「第2回検討委員会議事録」（平成22年10月17日）p. 9。

310）同上，pp. 1-2。

311）県担当者へのヒアリング（2015年5月）。

312）「新潟県常浪川流域懇談会委員名簿」。

313）地元漁協は，1970年にダム建設反対の決議を行った。その後「40年たっても漁協の意見は変わっていない」という。「第6回新潟県ダム事業検証検討委員会議事録」（平成23年5月20日）p. 12。

314）「常浪川ダムに関する主な意見とその対応」，「第6回新潟県ダム事業検証検討委員会議事録」（平成23年5月20日）資料3-1。

315）「新潟県田川・晒川流域懇談会委員名簿」。

316）「晒川ダムに関する主な意見とその対応」，「第6回検討委員会議事録」（平成23年5月20日）資料3-3。

156

第 5 章　職員主導による終了事例

については土地所有者との間で境界争いがあり，県の土地買収は難航していた。[317]

「検討委員会」は 7 回目の会合で，県は対象 4 事業のうち「2 ダム中止，2 ダム継続」とした。[318]一方，7 回目の会合前から降り続いた雨は記録的なものとなり，新潟県内の広い範囲に大きな被害をもたらした。[319]そのため，終了とされた 2 事業の地元でもさらに多くの意見が出され，急遽，8 回目の会合が開催された。[320]この豪雨の検証がなされたが，終了という結果は覆らなかった，[321]これを受けて「平成23年度第 1 回新潟県公共事業再評価委員会」が開催され，「検討委員会」の示した方針を了承された。[322]県は常浪川，晒川ダム事業の終了を決定した。[323]

常浪川ダムの終了決定後，県は地域振興策をめぐって地元との調整は難航した。[324]「検討委員会」では，移転が完了した住民について「常浪川ダムについては今まで長い歴史があって，集団移転されている方たちもたくさんいらっしゃる中で，簡単に，はいそうですかというふうにご納得いただけないところもあろうかと存じますので，その辺よく県の方から説明していただきたい。地域振興策とか，水没するということで橋の改修などが全く進んでいなかったりしたところもありましたから，その辺今後どうするのかということは地域の人と話していただいて」[325]と委員長が終了後の地域振興を県が対応するよう要請していた。県も「地元は集落移転をしてまでダム建設に協力をしてくれた。何らかの配慮が必要であった」[326]としている。振興策の 1 つは橋の架け替えであった。[327]ダム建設で地域の橋が水没するため，橋の架け替え計画があったが，事業終了に伴い，この計画は消滅した。しかし，橋は老朽化していたため，地元は架け

---

317)　「第 6 回検討委員会議事録」（平成23年 5 月20日），p. 17。

318)　「第 7 回検討委員会議事録」（平成23年 7 月28日）p. 43, p. 45。

319)　2011年の新潟・福島豪雨が発生した。

320)　「第 8 回検討委員会議事録」（平成23年 8 月19日）。

321)　同上，pp. 17-18。

322)　「平成23年度第 1 回再評価」（平成23年 9 月26日）の議事の概要，p. 11。

323)　「平成23年度第 1 回再評価の概要と方針（土木部）」。

324)　県担当者へのヒアリング，メールでの回答（2017年 4 月）。

325)　「第 6 回検討委員会議事録」（平成23年 5 月20日）p. 14。

326)　県担当者へのヒアリング（2015年 5 月）。

327)　同上，メールでの回答（2017年 4 月）。

157

表 5 - 3 - 10　常浪川，晒川ダムの進捗

ダム名	事業の進捗状況	総事業費（億円）	費消額（億円）
常浪川	集落移転完了	364	119
晒川	取付道路建設中	86	27

出典：県提供資料等をもとに筆者作成

表 5 - 3 - 11　常浪川，晒川ダムの終了の経緯

1962年	常浪川ダム予備調査開始
1973年	常浪川ダム実施計画調査開始
1982年	常浪川ダム建設工事開始
1984年	晒川ダム予備調査開始
1987年	晒川ダム実施計画調査開始
1990年	晒川ダム事業採択
1997年	両ダムは国のダム事業「総点検」の対象となる。いずれも県は「継続」とする
1999年	常浪川ダムの発電事業者が撤退し，県は治水ダムに変更
1998年～ 2010年	常浪川ダムは計4回，晒川ダムは計3回，県の「公共事業再評価委員会」で審議対象となり，いずれも「継続」と答申が出され，県は「継続」とする
2004年10月	泉田知事就任，新潟中越地震
2008年10月	泉田知事再選
2010年	・国の「検証要請」に常浪川・晒川ダムを含む計4ダム事業が対象となる ・「ダム事業検証検討委員会」で審議対象となる（9月） ・常浪川および田川・晒川で「流域懇談会」開催（10月）
2011年	・常浪川および田川・晒川で「流域懇談会」（2回目）開催（2月）
2012年	常浪川・晒川ダム終了決定
2022年3月	県は常浪川ダム終了の代替策としての橋の架け替え工事を完了し，地元へ引き渡し

出典：県提供資料等をもとに筆者作成

替えを要望し，この橋の仕様をめぐって地元との調整は難航した。建設期間4年をかけて，県は橋を完成させ，2021年度末に地元に引き渡した。晒川ダムの[328]代替策は河川改修とともに，積雪を流すため事業が実施された。[329]両ダムの進捗状況と終了の経緯を**表 5 - 3 -10**に整理した。

328)　県担当者へのヒアリング，メールでの回答（2024年12月）。
329)　県提供資料（2014年4月）。

158

第 5 章　職員主導による終了事例

表 5 - 3 - 12　［新潟県］終了プロセスの類型

ダム名	内部		外部	
	短期	長期	短期	長期
芋川	○			
中野川	○			
正善寺	○			
羽茂川	○			
入川		○		
三用川		○		
佐梨川		○		
常浪川				○
晒川				○

　常浪川，晒川ダムともに地域住民の意見聴取が行われた。いずれの事業も終了検討開始を「平成22年9月[330]」と県担当者は回答し，国の「検証要請」のタイミングとした。終了決定は2012年7月であった。常浪川ダムは，代替策での地元との調整が難航し，終了プロセスは約7年を要した。晒川ダムの終了のプロセスは1年10カ月であった。いずれも「外部・長期」類型となった。終了の経緯を表5-3-11に整理した。

　ここまでが新潟県における終了事例全9事業の経緯であった。新潟県における終了の類型を整理した。終了した9事業のうち，前半の4事業は「内部・短期」で，2002〜2003年に終了した3事業は「内部・長期」，後半の2事業は「外部・長期」類型となった。「内部・長期」に属した3事業のうち2事業は，国の「見直し」対象となっていないが，県が「見直し」を機に終了検討を開始したもので，決定まで時間を要し，残り1事業は他の事業者撤退後，県単独での事業継続を探ったため時間を要した。

　5つの要因の状況を表5-3-13に示した。終了した全事業を職員が主導していて，国からの影響があったことは共通しているが，その他の要因についてはばらつきがあった。

---

330)　同上（2015年1月）。

159

表 5 - 3 - 13　［新潟県］終了プロセスに影響を与える可能性がある要因の状況

ダム名	主導者	国の影響	反対アクター	進捗	分権の進展
芋川	職員	あり	弱	調査	前
中野川	職員	あり	強	調査	前
正善寺	職員	あり	強	調査	前
羽茂川	職員	あり	弱	調査	前
入川	職員	あり	弱	調査	前
三用川	職員	あり	弱	調査	前
佐梨川	職員	あり	弱	調査	後
常浪川	職員	あり	強	建設	後
晒川	職員	あり	強	建設	後

　新潟県は国からの影響への対応において，青森県と同様にヴァリエーションがあった。改革で名挙げされたことで県が検討を開始し終了するという経緯をたどる事例以外に，芋川ダムは国の改革で名挙げされる以前から県は自律的に終了を検討していて，国はその県の検討をいわば後押しをしたような形になった。これは滋賀で観察された実態とも共通している。三用川，入川ダムは国の改革で名挙げされていなかったが，当時，別の 3 事業が名挙げされたことをきっかけに自律的に検討を開始し終了した。対象でない事業の終了検討のきっかけを国の改革から得た形であった。

　最後に相互参照について確認したが，県担当者は「どこの県の事例も参照していない」[331]と回答した。

小　括

　新潟県が終了した全 9 ダム事業において，終了を主導したのはいずれも職員であった。最初の終了事例から最後の終了事例までの間に知事は交代していたが，職員主導であることに変わりはなかった。いずれの知事もダム事業終了へ強い政策選好はなかった。新潟県の場合，1997年が県政の転換期で，最初の事例の終了決定はこの年であった。県政の転換に職員が影響を受けていたことも

---

331)　県担当者へのヒアリング（2014年 4 月）。

第5章 職員主導による終了事例

確認された。

　また終了の類型には散らばりがあり，時系列でみると前半は「内部・短期」，後半は「外部・長期」類型であったが，その間の2002〜2003年に終了した3事業は「内部・長期」という類型であった。想定していなかった例外の類型が存在していた。

第4節　職員主導の終了事例への観察から明らかになったこと

　ここまで，岩手，青森，新潟県における事例を観察してきた。この3県では共通する特徴があった。第1に，3県ともに事業終了は全事例において職員が主導していた。いずれの県でも知事は財政規律の保持には政策選好があったが，ダム事業終了にはなかった。知事が職員に直接指示や強い働きかけを行った形跡は確認されなかった。また主導者の移動，つまり主導者が職員から知事へ変わった事例は確認できなかった。第2に，いずれの県でも最初の終了事例は，財政危機に伴う県政の転換期と時期がほぼ合致していた。具体的には，岩手と青森では，最初の終了，県政の転換，知事の交代，の3点が同時期に起こっていた。新潟では，最初の終了，県政の転換の2点が同時期に起きていた。1990年代後半以降は，「知事が歳入と歳出の選択に関与を強めた」［曽我・待鳥，2007］とされているが，これは歳出面においてダム事業終了でも確認された。

　職員らはこうした県政の転換に，程度の差こそあれ，一定の影響を受けていた可能性がある。それは自分たちの部署の事業に何らかの指示がある前に対応するいわば「予測的対応」［Friedrich, 1963］に近いようにもみえる。第3に，職員にとっての最初の事例の重要性である。職員は最初の終了プロセスで多くを学び，後続の終了事例のプロセスに生かしていたこともわかった。

　また多くの終了事例において職員は予定地の市町や住民などからの可能な限りの合意調達を行った上で，再評価委員会での審議に入ろうとしていた。終了反対意見はあったものの，知事らが終了主導した滋賀，鳥取県と比較すると，再評価委員会で起きた議論の錯綜などの混乱は職員主導ではみられなかった。

　県は終了決定を行うに際し「国からの影響があった」と認識する事例が多

かったが，その詳細はヴァリエーションがあった。最も数が多かったのは，国の改革で名挙げされることで，検討を開始したケースである。また，県が自律的に検討を進めていて，国の名挙げを県が終了促進要因に転換していたケースもあった。さらに，改革で名挙げされていなくても改革が起きたことで，独自で終了の検討を始めるケースなどがあり，多様性に富んでいた。

　事例の観察はここまでとし，第6章ではこれまで検討した事例を事例間，都道府県間，時系列などを比較し，説明を試みる。

第6章　観察結果と22事例の比較分析による仮説の検証

　本章では，これまでの22事例の観察の結果，終了プロセスの実態はどうなっているのかという問いに対して明らかにしてきたことを整理して示し，次に事実はなぜこうなっているのかという説明を比較分析で行う。比較は事例間，都道府県間，時期間，主導者間，そして地方政府群間でそれぞれ行う。本書の問いは次の3つであった。

　問い1：終了を主導したのは誰か
　問い2：終了のプロセスはどのようなものか
　問い3：終了のプロセスに影響を与えたものは何か

第1節　終了を主導したのは誰か

　本節ではまず，問い1に答える。主導したアクターは知事あるいは県職員のどちらかであった。鳥取，滋賀では知事が主導し，岩手，青森，新潟では職員が主導した。職員主導事例が知事主導事例よりも多かった。先行研究では終了促進要因として「政治的要因」が多く指摘されてきたが，終了事例は知事主導が全てではなく，職員主導事例が多くあることがわかった。

　知事が主導した場合は，いずれも知事の政策選好の1つにダム事業の終了があったが，その位置づけは異なった。鳥取の片山知事の場合は財政再建が大きな政策選好としてあり，その1つとしてダム事業の終了は位置づけられていた。滋賀の嘉田知事の場合は，「流域治水」という政策アイディアを実現するための方法がダム事業の終了であった。また，知事が終了を主導する際の政治手法も異なっていた。鳥取の場合は，議論の過程を全て公開する「情報公開」であり，滋賀の場合は，知事の「政策アイディア」に応える形で職員から提出された「2段階整備」というこちらも「政策アイディア」で，「政策アイディアの相互作用」というべきものであった。

163

職員主導の場合は，知事は誰もダム事業終了に強い政策選好を有していなかったが，財政再建を強く指向していた。最初の終了事例は，いずれも地方政府の政策転換を機に起きていた。地方政府は財政状況の悪化に伴い，これまでとは異なる政策選択を行うようになり，歳出面では投資的経費を縮減した。政策転換は1990年代後半ごろに起きていて，知事の交代時期とも一致していた県もあった。1990年代後半という時期は曽我・待鳥が指摘した「政府規模に関する選択が日本の地方政治にも現実的な課題として登場するようになった」［曽我・待鳥，2007：309］という地方政治の特徴とも符合し，事業終了の事例でも裏付けられた。

　次に，同一県内における終了主導者間の比較を行う。同一県内で複数のダム事業が終了された場合，主導者が途中で変容した事例はなかった。最初の終了事例の主導者は後続の終了事例の主導者をも決めていったのではないか。また，いずれの県の職員も最初の終了事例が重要だと考えていて，いわゆる「学習」によって「予測的対応」を高め，後続事例の終了を進める際，課題を克服していったこともうかがえた。

　加えて，知事と職員以外，例えば地方議会や住民が終了を主導した事例はなかった。なぜ，地方議会や住民は終了を主導しえなかったのだろうか。1点目は，制度による説明が可能であろう。地方議員は中選挙区制度から選出されていて，個別利益を指向するとされる［曽我・待鳥，2007］。本書が観察した都道府県営ダム事業は治水利水双方において，県内の限定された地域の利益を追求し，県全体は対象にならない。地方議員と都道府県営ダム事業は利益が合致する。ならば終了へのインセンティブは働きにくいだろう。また，都道府県営ダム事業の政策過程の特徴から考えれば，地方議員は河川管理者が，河川整備基本方針と河川整備計画を策定する際に河川法上で定められたアクターではない。決定過程に参画していないため，終了の際も主導権を取りにくいのではないか。地方議員は個別利益指向であるにもかかわらず，決定過程に十分関与していないため，そもそもダム事業への関心が高くはないのではないか。本書の観察では地方議員は終了主導者になっていない上に，強い終了反対アクターにもなっていなかった。これまで指摘されてきた公共事業が持つ利益誘導の側面から考えるとやや意外なようではあるが，地方議員にとってダム事業はどちら

かというと「ローセイリアンス」の分野に属している可能性もある[京, 2011]。

次に, 住民が終了主導者であった事例が観察されなかった理由も検討する。住民が終了推進アクターになった事例はあったが, 終了の主導権を取るには至っていない。住民は終了プロセスにおいて「流域懇談会」や「再評価委員会」などに参加し, 賛否を述べ, それらは参考意見として考慮はされていたが, 終了の理由の１つにされたにとどまった。これは地方議員の場合と同様に, 政策決定過程への参画がまだ十分でないことも考えられる。先行研究では, 例えば帯谷は, 住民が他のアクターに比べてどれだけ強く終了を主導しえたかについては明確に言及していないが, 当初, 河川の上流と下流で対立していた建設反対運動に, 途中から「よそもの」が参画し, 流域が連携した運動へと変容した過程

表6-1 終了を主導したのは誰か

県	ダム名	主導者	
		知事	職員
鳥取	中部	○	
滋賀	芹谷	○	
	北川第1	○	
	北川第2	○	
岩手	明戸		○
	日野沢		○
	黒沢		○
	北本内		○
	津付		○
青森	磯崎		○
	中村		○
	大和沢		○
	奥戸		○
新潟	芋川		○
	中野川		○
	正善寺		○
	羽茂川		○
	入川		○
	三用川		○
	佐梨川		○
	常浪川		○
	晒川		○

を明らかにしているが[帯谷, 2004], 住民が終了主導者になるためには, 建設予定地のみにとどまらず, 例えば川辺川ダム事業や吉野川可動堰事業などにみられるように, 流域外をはじめとする広範囲に渡るネットワークの構築が必要なのではないか。終了主導者を表6-1に整理した。ダム名の記載順は終了決定順である。

第2節　終了のプロセスはどのようなものか

　本節では，2番目の問いへの解答を試みる。本研究では，終了のプロセスを観察するに際し，プロセスに参画する「アクターの広がり」とプロセスに要した「期間」という2つの軸で検討した。

　当初「終了のプロセスに関与するアクターが増えるほど，合意調達に時間を要することが想定されるため，プロセスの類型は内部・短期か外部・長期のいずれか」としていて，観察した22事例のうち17事例が該当した。おおむね仮説通りであったが，上記2類型以外に「内部・長期」「外部・短期」の類型が存在し，終了プロセスは4類型全てが存在した。次に詳細を確認していく。

1　内部・外部（住民の意見を聴取するか，しないか）

　まず，「内部」「外部」でみてみると，全22事例のうち，「内部」は12事例，「外部」は10事例でほぼ同数であった。時系列でみると「内部」は1997年から2005年の間に集中していて，観察期間の前半に起きていて，「外部」は2000年代中盤以降に終了決定した事業が多い。全体として「内部」から「外部」へ移行してきている。この移行は同一県内でも起きていて，新潟や岩手では初期に終了が決定した事業は「内部」で，その後「外部」に移行している。その逆の「外部」から「内部」へ移行した県はなかった。

　これは終了プロセスが，住民の意見を聴取しないことから住民の意見を聴取する形へと，時を経て変容していることとなる。

2　短期・長期（1年以内で終わるか，1年以上かかるか）

　次にプロセスに要した期間をみてみる。「短期」は11事例，「長期」も11事例と同数であった。観察前は事業を終了しようとすると，事業の対象者や利害関係者の合意調達が必要となるので，「長期」事例が多いと予測していたが，結果はかなり異なった。終了が議論されるダム事業は，プロセスの長期化が報道され，社会に広く周知されていく事例が多いが，それが全てではなかった。

　時系列でみると，2000年代前半までに終了した事業は「短期」が多いが，後

第6章　観察結果と22事例の比較分析による仮説の検証

半になると「長期」が増えている。時系列で変化している。同一県内でも同様
の傾向がある。その逆の「長期」から「短期」に移行した県はなかった。これ
は終了プロセスが長期化していく傾向にあることを示している。

3　内部・外部と短期・長期の組み合わせ

　さらに組み合わせをみてみる。全体的には「内部」事例はほとんどが「短
期」で，「外部」事例は，ほとんどが「長期」である。22事例のうち17事例が
「内部・短期」と「外部・長期」に属していて，例外は5事例しかない。仮説
1を再掲する。

【仮説1】

　終了のプロセスに住民が参画すると，合意調達が必要なアクターが増えるこ
とになり，それに伴い，プロセスに時間を要して1年以上かかるであろう。一
方，住民が参画しないと，合意調達が必要なアクターは限定されるため，プロ
セスは1年以内であろう。そのため，終了プロセスは「内部・短期」「外部・
長期」のいずれかの類型に属するであろう。

　仮説1はおおむね支持されたと言えるだろう。

　住民の意見を聴取せずにプロセスを進めると1年以内で終わっていく事例が
多いという観察結果は，先行研究での「政策共同体」が，「官僚の関与の程度
が強い」「参加者数は少なく，構成も安定している」「望ましい政策について，
コンセンサスもあり，頻繁に情報交換をしながら政策決定を行い，いったん決
められたことには全員が従うものと期待されている」［伊藤・田中・真渕，
2000：285-287］［Waarden, 1992］［Rhodes,1992］という指摘と合致する。しかし
細かく見ると，例えば，新潟の中野川ダムや正善寺ダムでは「政策共同体」に
地元首長は入っているが，強い終了反対アクターであったため，必ずしも全事
例が符合しているわけではない。

　一方，住民の意見を聴取するとプロセスは1年以上を要する事例が多かっ
た，という観察結果は，「イシューネットワーク」と考えると，「参加者の数は
多く，構成は常に変化している」「政策に対する見方にもばらつきがある」［伊

167

表6-2　終了プロセスはどのようなものか

県	ダム名	終了決定時期	内部		外部	
			短期	長期	短期	長期
鳥取	中部	2000/04				○
滋賀	芹谷	2009/01				○
	北川第1	2012/01				○
	北川第2	2012/01				○
岩手	明戸	1997/08	○			
	日野沢	1997/08	○			
	黒沢	2000/11	○			
	北本内	2000/11	○			
	津付	2014/07				○
青森	磯崎	2003/10			○	
	中村	2005/09	○			
	大和沢	2010/12				○
	奥戸	2011/08			○	
新潟	芋川	1997/08	○			
	中野川	2000/12	○			
	正善寺	2000/12	○			
	羽茂川	2000/12	○			
	入川	2002/11		○		
	三用川	2003/05		○		
	佐梨川	2003/05		○		
	常浪川	2012/07				○
	晒川	2012/07				○

藤・田中・真渕，2000：285-287]［Waarden, 1992]［Rhodes & Marsh, 1992] という指摘と符合する。

　全体の時系列でみると，2000年代前半までの終了事例は，住民の意見を聴取せず，1年以内で終わるプロセスをたどるものが多く，それ以降は，住民の意見を聴取し，1年以上のプロセスを要した事例が多い。この逆への類型移行はない。

　また，「内部・長期」「外部・短期」といういわば例外類型に属した事例が5

事例ある。例外事例の検討は追って行うが，政策終了過程は十分に合理的とは言えないことがうかがえる。

第3節　終了のプロセスに影響を与えたものは何か

　本節では，問い３への解答を行う。本書では影響を与える要因として，先行研究などから，「終了主導者」「国からの影響」「反対アクター」「進捗」「分権の進展」の計５つを候補としていた。順に検証結果を示す。

1　終了主導者

　職員主導の18事例で「内部・短期」に属したのは９事例，知事主導の４事例は全て「外部・長期」に属した。知事が主導して「内部・短期」に属することはなかった。仮説を再掲する。

【仮説２-１】
　知事主導の場合は，「外部・長期」類型となり，職員主導の場合は，「内部・短期」類型となる。

　終了主導者と終了プロセスの関係をみると，観察した全22事例のうち13事例が仮説２-１に該当することとなり，仮説２-１は弱いながらもおおむね支持されたようにうかがえる。支持されなかった例外事例については追って要因の交互作用の検討を行う。

　仮説２-１の検証結果を表６-３-１に整理した。表の横の行に，検証する要因候補の１つめである「終了主導者」，縦の列に「終了プロセスの類型」を取った。仮説１の「終了プロセスは『内部・短期』『外部・長期』のいずれかの類型に属する」は本章第２節の検証でおおむね支持されているため，表６-３-１では，仮説１に該当する２つのセルを二重線で囲った。仮説２-１を表６-３-１でみると，二重線で囲った「職員×内部・短期」「知事×外部・長期」の２つのセルが該当する。表６-３-１では「職員×内部・短期」のセルに９事例，「知事×外部・長期」のセルに４事例，の計13事例が入った。残り９事例

表6-3-1　終了主導者と終了プロセスとの関係

		終了主導者	
		職員	知事
内部	短期	明戸（岩手） 日野沢（岩手） 黒沢（岩手） 北本内（岩手） 中村（青森） 芋川（新潟） 中野川（新潟） 正善寺（新潟） 羽茂川（新潟）	
	長期	入川（新潟） 三用川（新潟） 佐梨川（新潟）	
外部	短期	磯崎（青森） 奥戸（青森）	
	長期	津付（岩手） 大和沢（青森） 常浪川（新潟） 晒川（新潟）	中部（鳥取） 芹谷（滋賀） 北川第1（滋賀） 北川第2（滋賀）

は仮説では該当していない3つのセルに入ったため，いわば例外事例となる。つまり，二重線で囲ったセルに入る事例の数が多いほど仮説2-1は支持されていることとなる。また，**表6-3-1**では，事例が全く入っていない空白のセルが3つある。空白のセルに着目するのは，空白のセルの数が多いほど，仮説の支持・不支持が明確で，状況がよくわかるためである。以降示していく**表6-3-2**〜**表6-3-5**の見方も全てこれと同じである。仮説にあてはまらなかった例外事例の検討は追ってまとめて行う。

　ここで，主導者が終了プロセスに影響を与えていた理由を検討する。知事主導が全て「外部・長期」に属したのは，知事が一般利益を指向するため，住民の直接信託を取りにいったという前述の理由以外にも，知事の合意調達のための手法と関連があると推測される。「外部」になったのは，当初知事が「閉じたい」と考えていた終了のプロセスに，外部アクターが次々と参画してきて，やむなくプロセスが開いていったわけではなく，知事が能動的にプロセスを外

第6章　観察結果と22事例の比較分析による仮説の検証

部に開いている。鳥取県は住民の意見聴取のきっかけは再評価委員会での議論であったが，終了決定後，片山知事は地元首長と協議して地域振興策の策定過程で住民が参加できるような場を設けていた。滋賀県でも，知事主導で住民参加の場を設定している。知事は自らの政策選好に賛同するアクターを拡大したかったからではないかと推察する。知事らは終了の困難さをあらかじめ認識していて，味方につけるのは庁内の職員らだけではなく，さらに外へ外へと賛成アクターと求めたのではないか。両知事ともに議会とは一定の緊張関係もあったため，知事は自らの政策選択の正統性を高めるために地方議会以外の別のところからも支持を調達しなくてはならなかったと考える。議会の迂回［ヒジノケン，2015］がみられる。

　一方で参加アクターが増えると，その分，合意調達に時間を要する。このプロセスを辿った後にのみ，知事は自らが指向する政策の実現が可能となった。一方，職員主導の場合でも住民の意見聴取を行っている事例があるが，これはのちの検討にまわす。

2　国からの影響

　次に，国からの影響の有無が，終了プロセスに影響を与えたかどうかを検証する。ここで国からの影響の本書での定義を改めて確認すると，国の改革で地方政府の事業が名挙げされ，それを地方政府がどう捉えたかで判断する。

　まず，終了検討開始に，国からの影響が「あった」と地方政府が回答した事例は全22事例のうち16事例で，「なかった」のは6事例であった。終了検討開始のきっかけの多くは国の改革で，終わるか終わらないか，には国は影響を与えていた可能性が高い。仮説を再掲する。

【仮説2-2】
　国からの影響があると「内部・短期」類型になり，国からの影響がないと「外部・長期」類型になる。

　上記仮説に該当する事例は全22事例のうち12事例であった。空白のセルは1つしかなく，事例の当てはまり方にはばらつきがある。仮説2-2は支持され

171

表6−3−2　国の影響と終了プロセスとの関係

		国の影響	
		有	無
内部	短期	明戸（岩手） 日野沢（岩手） 黒沢（岩手） 北本内（岩手） 芋川（新潟） 中野川（新潟） 正善寺（新潟） 羽茂川（新潟）	中村（青森）
	長期	入川（新潟） 三用川（新潟） 佐梨川（新潟）	
外部	短期	奥戸（青森）	磯崎（青森）
	長期	北川第1（滋賀） 北川第2（滋賀） 常浪川（新潟） 晒川（新潟）	中部（鳥取） 芹谷（滋賀） 津付（岩手） 大和沢（青森）

ていないようにみえる。終了プロセスにおいて，中央政府からの自律性は高い[1]。つまり，終了検討を開始するかどうかは，国からの影響に左右される場合が多いが，いったん検討が始まってしまえば，どのようにプロセスを進めるかは自分たちで決めたということになる。「90年代以降の地方政府は財政構造や権限関係について自律性を拡大しているだけではなく，政治的特徴についても独自性を強めている」［曽我・待鳥，2007：310］という分析とも合致している。国からの影響と終了プロセスの類型の関係を表6−3−2に整理した。

3　反対アクター

次に，終了反対アクターの強弱がプロセスに影響を与えたかどうかを検証する。反対アクターの強弱は都道府県へのヒアリングの際，県の担当者がどう認識したかで判定した。終了した事例のうち，反対アクターが弱かった事業が15

---

1 ）　ここでの自律性は曽我の「官僚の意思決定」を捉えるとする定義［曽我，2016：18］に依拠し，中央政府からの自律性が高いということは，官僚制の意思決定や行動が官僚制自身の手で決められていることを指す。以降も同様の定義とする。

第6章　観察結果と22事例の比較分析による仮説の検証

事例で反対アクターが強かった事業は7事例ある。先行研究で終了阻害要因として反対アクターの存在が指摘されていたが，本書では強い反対アクターが存在していても，終了そのものは起こりうることが観察された。加えて地元首長が強い反対アクターになっていても「内部・短期」で終了している事例（新潟の中野川，正善寺ダム）もあった。ここからは県が地元首長の強い終了反対意見を認識しつつも，必ずしもそれを受け入れるわけではなく，1年以内で終了していた姿勢がうかがえる。

　全体的な傾向をみると，反対アクターが弱い事例は「内部・短期」に属するのが7事例，強い場合は「外部・長期」に5事例が属しているが，類型には散らばりがある。仮説を再掲する。

【仮説2-3】

　反対アクターが強いと「外部・長期」類型になり，反対アクターが弱いと「内部・短期」類型になる。

　観察結果をみると，仮説2-3は支持されたとは言えない。

　終了プロセスには反対アクターの強弱は影響を与えていないようである。反対アクターの強弱と終了のプロセスの類型の関係を表6-3-3に整理した。
　ここで誰が反対アクターで，誰が反対アクターにはならなかったのかを示す。ここまでの観察では，強い反対アクターになったのは，建設予定地や流域の首長，建設予定地の住民であった。一方，個別利益を指向するという点で，都道府県営ダム事業と利益が一致していそうな地方議員の存在感は希薄であった。本章の「終了を主導したのは誰か」という論点でも述べたが，地方議会はダム事業の政策過程にそもそも十分に関与できていないことが理由の1つかもしれない。
　また，終了で不利益を被ると当初想定していた地元の建設業者も，ヒアリングで確認したが，反対アクターとしての存在感は希薄であった。この理由を複数の県担当者に確認したところ，ざっと次のような状況であった。ダム事業の場合，調査段階では地元の建設業者が業務を受注するケースが多いが，本体工

173

表6-3-3　反対アクターと終了プロセスとの関係

		反対アクター	
		弱	強
内部	短期	明戸（岩手） 日野沢（岩手） 黒沢（岩手） 北本内（岩手） 中村（青森） 芋川（新潟） 羽茂川（新潟）	中野川（新潟） 正善寺（新潟）
内部	長期	入川（新潟） 三用川（新潟） 佐梨川（新潟）	
外部	短期	磯崎（青森） 奥戸（青森）	
外部	長期	北川第1（滋賀） 北川第2（滋賀） 大和沢（青森）	中部（鳥取） 芹谷（滋賀） 津付（岩手） 常浪川（新潟） 晒川（新潟）

事を行うのはいわゆる大手ゼネコンでないと技術的に非常に難しいという。県はJV（複数の建設企業が，1つの建設工事を受注，施工することを目的として形成する事業組織体）に地元の建設業者を参画させるよう要請する場合もあるというが，事情は県ごとに異なる。本体工事の入札は着工の前年になる。調査段階に事業が終了した場合は，地元の建設業者から見ると将来の利益が見えにくいケースもあるという。そのため，反対アクターには十分なりえず，見えにくい事例が存在していたのかもしれない。

4　進　捗

次に，進捗が終了のプロセスに影響を与えたかどうかを検証する。「予備調査」「実施計画調査」の段階にあった事例は「調査」とし，その後，建設工事が行われていた事例は「建設」とした。調査中の事業が14事例，建設中の事業が8事例であった。進捗が終了促進要因であることは推測される。砂原の進捗状況が終了に影響するとした指摘［砂原，2011：132］は本書でも裏付けられて

第6章　観察結果と22事例の比較分析による仮説の検証

表6-3-4　進捗と終了プロセスとの関係

		進捗	
		調査	建設
内部	短期	日野沢（岩手） 黒沢（岩手） 中村（青森） 芋川（新潟） 中野川（新潟） 正善寺（新潟） 羽茂川（新潟）	明戸（岩手） 北本内（岩手）
	長期	入川（新潟） 三用川（新潟） 佐梨川（新潟）	
外部	短期		磯崎（青森） 奥戸（青森）
	長期	中部（鳥取） 芹谷（滋賀） 北川第2（滋賀） 大和沢（青森）	北川第1（滋賀） 津付（岩手） 常浪川（新潟） 晒川（新潟）

いる。

　一方，進捗で，住民の意見を聴取するかどうかは左右されないようだ。また建設中の事例のうち4事例は1年以内で終わっていて，進捗はプロセスの長期化を導くとは必ずしも言えない。仮説を再掲する。

【仮説2-4】

　進捗が進んでいると「外部・長期」類型となり，進捗が進んでいないと「内部・短期」類型になる。

　仮説2-4も支持されていないようである。

　進捗状況と終了のプロセスの類型の関係を表6-3-4に整理した。

5　分権の進展

最後に「分権の進展」が影響を与えたかどうかを検証する。終了検討が開始

されたタイミングが分権進展の前か後かで分け，2001年4月以前と以後で検討した。地方分権推進法が施行され1年が経過し，その前後で地方政府の政策選択に影響を与えたかどうかを観察する。

全体的な傾向をみると「進展前」は「内部・短期」，「進展後」は「外部・長期」に属する事例が22事例のうち15事例あった。「進展前」に終了検討を開始した事例11事例のうち8事例が住民の意見を聴取せず，1年以内で終了し，「進展後」に検討開始した11事例のうち9事例は住民の意見を聴取し，うち7事例は1年以上を要している。仮説を再掲する。

【仮説2-5】
「分権前」に終了検討が開始されると，「内部・短期」類型となり，「分権後」に終了検討が開始されると「外部・長期」類型となる。

仮説2-5はおおむね支持されているようにみえる。分権進展前に終了検討を開始すると，住民の意見を聞かず1年以内に終わるが，進展後に検討を開始すると，住民の意見を聴取し，1年以上を要する。しかし仮説から逸脱した例外事例が7事例あった。これらは追って交互作用を検討する。終了検討開始時期が類型に与える影響を**表6-3-5**に整理した。

以上，「終了主導者」「国からの影響」「反対アクター」「進捗」「分権進展」の計5要因について，終了のプロセスへの影響を検討した。その結果，終了プロセスに影響がありそうな要因は，「終了主導者」「分権進展」の2つであった。

6　プロセスへ影響を与える要因間の交互作用

ここまでの検証で，終了プロセスに影響を与えそうな要因とそうではない要因が明らかになった。ただ例外事例も多く，要因間の関係も定かではない。複数要因が効いている場合などもわかりにくい。また，これまでの検証で，影響がないと考えられた3要因も，組み合わせると終了プロセスに与えている可能性もある。

まず3要因の検討で出てきた例外事例を中心に改めて要因の交互作用を検証

第6章　観察結果と22事例の比較分析による仮説の検証

表6-3-5　分権進展と終了プロセスとの関係

		分権	
		進展前	進展後
内部	短期	明戸（岩手） 日野沢（岩手） 黒沢（岩手） 北本内（岩手） 芋川（新潟） 中野川（新潟） 正善寺（新潟） 羽茂川（新潟）	中村（青森）
	長期	入川（新潟） 三用川（新潟）	佐梨川（新潟）
外部	短期		磯崎（青森） 奥戸（青森）
	長期	中部（鳥取）	芹谷（滋賀） 北川第1（滋賀） 北川第2（滋賀） 津付（岩手） 大和沢（青森） 常浪川（新潟） 晒川（新潟）

表6-3-6　5つの要因候補からみた終了プロセスとの関係

	終了主導者	国の影響	反対アクター	進捗	分権の進展
終了プロセスへの影響	○	×	×	×	○

する。例外事例となった場合であっても，別の要因が効いていた可能性が高い場合は，例外事例から除外していく。次に，単独では効かなかった3つの要因が組み合わさった際にいかなる結果が出たのかも検証する。

1）「国からの影響」の交互作用の検討

まず，「国からの影響」について検討する。仮に「国からの影響」がプロセスに影響を与えているとすれば，例外事例は計10事例あった。うち国からの影響があったにもかかわらず，「外部・長期」に属した事例が4事例ある。北川

第1・第2ダム（滋賀），常浪川，晒川ダム（新潟）である。うち滋賀の北川第1・第2は知事主導でかつ分権進展後であるため，「外部・長期」に導かれた可能性がある。残る2事例（新潟の常浪川，晒川ダム）も「分権進展後」であるため，「外部・長期」に導かれた可能性がある。しかし，それ以外の6事例については説明ができない。「国からの影響」がプロセスに影響があるとはここからは言えない。

2）「反対アクター」の交互作用の検討

　反対アクターがプロセスに影響を与えているとすれば，例外事例は計10事例である。例外事例のうち，滋賀の北川第1・第2は，ここでも「主導者」や「分権」要因が効いて「外部・長期」に属した可能性がある。青森の大和沢ダムも「分権」要因が効いて「外部・長期」に導かれた可能性があり，新潟の中野川，正善寺ダムは「分権前」に終了しているため，「内部・短期」に属した可能性もある。しかし，残りの青森の磯崎，奥戸，新潟の入川，三用川，佐梨川，の計5事例は，これをもってしても十分な説明ができない。反対アクターの強弱が終了のプロセスに影響を与えているかどうかは確かめられなかった。

3）「進捗」の交互作用の検討

　進捗がプロセスに影響を与えているとすれば，例外事例は計11事例である。そのうち，まず，鳥取の中部ダム，滋賀の芹谷ダム，北川第2ダムは「知事」要因が効いていて「外部・長期」に属した可能性もある。青森の大和沢ダムは「分権進展後」に終了したため，この要因が効いて「外部・長期」に導かれた可能性もある。岩手の明戸と北本内ダムは「分権進展前」に終了しているため，「内部・短期」に属した可能性がある。それでも疑問が残ってくるのは，青森の奥戸，磯崎ダム，新潟の入川，三用川，佐梨川ダムとの計5事例である。これらは交互作用の検討をもっても十分に説明できない。

4）「国の影響」，「反対アクター」，「進捗」の組み合わせによる交互作用の検討

　ここでは，単独では終了のプロセスに影響がなさそうだった3要因を組み合

第6章　観察結果と22事例の比較分析による仮説の検証

表6-3-7　5つの要因候補からみた仮説の支持・不支持事例数（交互作用検討前と後の比較）

	国の影響		反対アクター		進捗		終了主導者		分権	
	支持	不支持	支持	不支持	支持	不支持	支持	不支持	支持	不支持
交互作用検討前の仮説該当事例数	12	10	12	10	11	11	13	9	15	7
交互作用検討後の仮説該当事例数	16	6	17	5	17	5	17	5	17	5

わせて検証する。具体的には「国からの影響があり，反対アクターが弱く，調査中」という要因の組み合わせであった事例が「内部・短期」属したのかどうか，一方，逆の「国からの影響がなく，反対アクターが強く，建設中」という要因の組み合わせであった事例が「外部・長期」類型に属したのかどうか，をみてみる。仮説1で想定していた「内部・短期」「外部・長期」以外の類型はここでは省いて検討した。

　本書の観察対象全22事例のうち「国からの影響があり，反対アクターが弱く，調査中」という組み合わせであった事例は9事例で，うち仮説で想定していた「内部・短期」に該当した事例は5事例であった。一方，「国からの影響がなく，反対アクターが強く，建設中」という組み合わせであった事例は岩手の津付ダムの1事例しかなく，これは仮説で想定していた「外部・長期」に該当した。ここからは単独では効かなさそうな3要因を組み合わせた場合，「内部・短期」には導かれやすいが，逆はそうではない。

　なお，同様に「主導者」「分権」についても検討し，交互作用検討後の各要因からみた仮説該当事例数を**表6-3-7**に示す。縦軸の「列」で上の「行」は交互作用検討前，「下」は交互作用検討後の仮説支持，不支持で事例数をカウントした。

　交互作用検討後では，影響を与えそうな要因は**表6-3-8**に示したものと考えられる。

5）　5要因の組み合わせからみるプロセスの類型

　次に要因の組み合わせを検討する。**表6-3-9**では，存在しうる全要因の組

表6-3-8　5つの要因候補からみた終了プロセスとの関係（交互作用検討後）

	終了主導者	国の影響	反対アクター	進捗	分権の進展
終了プロセスへの影響	○	△	△	△	○

注：表6-3-6を交互作用検討後整理した。

み合わせを並べ，各組み合わせに該当する事例は何か，各組み合わせに該当する類型は何か，を調べた。左からみて1〜5列（主導者，国の影響，反対アクター，進捗，分権）は，各要因の状況を示した。左からみて6列目（該当事例）は，1〜5列の組み合わせで終了した事業名を入れた。最も右側の列は，その組み合わせで終了した事例のプロセスの類型である。終了事例が存在しない要因の組み合わせの行は網掛けとした。

　検討したところ，ある結果をもたらした原因の「非対称」[Goertz & Mahoney, 2012＝2015] がみられることもわかった。「内部・短期」に至る9事例のうち4事例は，「主導者が職員」「国からの影響があり」「反対アクターが弱く」「調査中」「分権進展前」という組み合わせである。この組み合わせの事例は6事例あるが，うち4事例が「内部・短期」に導かれている。一方，反対の類型である「外部・長期」は8事例あるが，そこに至る要因の組み合わせは7通りがあった。「外部・長期」という結果に至る因果的経路は複数存在する。また同じ要因の組み合わせで，プロセスの類型が分かれたものは2つあった。1つめは，上述の「職員」「国からの影響あり」「反対アクター弱い」「調査」「分権進展前」という組み合わせで起きていて，この組み合わせで終了した場合の3分の2が「内部・短期」に至るが，「内部・長期」に至る事例も2事例（入川，三用川）あった。2つめは，「職員」「国からの影響なし」「反対アクター弱い」「調査中」「分権進展後」という組み合わせで起きていて，この組み合わせで終了した2事例は（中村，大和沢），「内部・短期」「内部・長期」に分かれた。

　また，要因5つを組み合わせたことでわかるのは，該当する事例が存在しない，つまり終了プロセスが存在しない空白のセルが20あることだ。5要因を組み合わせた全32の組み合わせのうち，20のパッケージでは終了がそもそも起こらなかったことになる。

第6章　観察結果と22事例の比較分析による仮説の検証

表6-3-9　5つの要因候補の組み合わせと終了プロセスとの関係

主導者	国の影響	反対アクター	進捗	分権	該当事例	類型
知事	有	強	調査	前		
知事	有	強	調査	後		
知事	有	強	建設	前		
知事	有	強	建設	後		
知事	有	弱	調査	前		
知事	有	弱	調査	後	北川第2	外部・長期
知事	有	弱	建設	前		
知事	有	弱	建設	後	北川第1	外部・長期
知事	無	強	調査	前	中部	外部・長期
知事	無	強	調査	後	芹谷	外部・長期
知事	無	強	建設	前		
知事	無	強	建設	後		
知事	無	弱	調査	前		
知事	無	弱	調査	後		
知事	無	弱	建設	前		
知事	無	弱	建設	後		
職員	有	強	調査	前	中野川，正善寺	内部・短期
職員	有	強	調査	後		
職員	有	強	建設	前		
職員	有	強	建設	後	常浪川，晒川	外部・長期
職員	有	弱	調査	前	日野沢，黒沢，芋川，羽茂川	内部・短期
					入川，三用川	内部・長期
職員	有	弱	調査	後	佐梨川	内部・長期
職員	有	弱	建設	前	明戸，北本内	内部・短期
職員	有	弱	建設	後	奥戸	外部・短期
職員	無	強	調査	前		
職員	無	強	調査	後		
職員	無	強	建設	前		
職員	無	強	建設	後	津付	外部・長期
職員	無	弱	調査	前		
職員	無	弱	調査	後	中村	内部・短期
					大和沢	外部・長期
職員	無	弱	建設	前		
職員	無	弱	建設	後	磯崎	外部・短期

181

第4節　例外事例が意味するもの

　これまでの検討で，例外事例は複数あった。本節ではこれらの例外事例を検討する。まず，例外事例は4種類ある。1種類目は，第2節で終了プロセスの類型を検討した際，仮説1に該当しなかった「内部・長期」「外部・短期」類型に属した事例（表6-2），2種類目は，5つの要因をそれぞれ検討した際に各仮説に該当しなかった事例（表6-3-1～6-3-5），3種類目は，2種類目の例外事例を対象に交互作用を検討してみても説明がつかなかった事例（表6-3-1～6-3-5），4種類目は，5要因の組み合わせから導かれる類型で説明がつかなかった事例（表6-3-9）である。

　以下に整理した。

{1種類目の例外事例}　表6-2
　磯崎，奥戸ダム（青森），入川，三用川，佐梨川ダム（新潟），〈本章第2節での例外事例〉
{2種類目の例外事例}　表6-3-1～6-3-5
　多数〈本章第3節における例外事例〉，ただし本章第3節6の交互作用の検討で一定数は例外事例ではなくなった。
{3種類目の例外事例}　表6-3-1～6-3-5
　磯崎，中村，奥戸ダム（青森），入川，三用川，佐梨川ダム（新潟）〈本章第3節6の交互作用の検討でも説明できなかった事例〉
{4種類目の例外事例}　表6-3-9
　中村，大和沢ダム（青森），入川，三用川ダム（新潟）〈第3節6 5）の5要因から導かれる類型で説明できなかった事例〉

　まず，最後の4種類目の例外事例を確認する。なぜなら本書が明らかにしようとしてきた複数要因の組み合わせによる終了プロセスの説明という点から考えると，ここに最も着目するべきであるためである。

　中村ダムは「内部・短期」，大和沢ダムは「外部・長期」で類型としては例

第6章　観察結果と22事例の比較分析による仮説の検証

外ではないが，なぜここで異なる類型に導かれたのかは説明がつかない。次に，入川，三用川ダムは5要因の組み合わせをみると「内部・短期」に導かれそうであるが，「内部・長期」に属している。これは「与党3党の見直し」で国に名挙げはされなかったものの，県が以前からこの2ダムが抱える課題を認識していて国の動向を機に自律的に検討を始めたものである。新潟県は「与党3党の見直し」で名挙げされた別の3事業をまず終了させ，それと並行してこれら2事業の検討を進め終了している。これは中央政府の動向への新潟県の個別対応から発生している。

　次に1種類目と3種類目の例外事例である。青森県の磯崎，奥戸の2事例は県の個別事情によるのではないか。青森県は終了した4事例のうち，県が住民の意見聴取の必要はない，と判断した中村ダム以外は，全て聴取しながら終了の検討を進めていた。中村ダムも，県は本来であれば住民の意見を聴取するべきところだったが，国の事業撤退に伴い，住民は当然，終了を認識しているだろうと考えたため，聴取しなかった。つまり，青森県の終了事例は基本的に「外部」なのである。また県独自の特徴として，反対アクターが弱いため，そもそも住民からのスムースな合意調達が可能で，短期間での終了が可能なのではないかと推測される。

　ここまで例外事例の検討から2点が確認された。まず1点目は地方政府の多様性という特徴であった。当初の仮説設定の時点では，プロセスの規定想定要因には，地方政府の多様性を検討に入れていなかった。そのため，この「内部・短期」「外部・長期」では全ての事例に説明を与えることができていない。

　2点目は当初関係を想定していた「アクターの広がり」と「期間」は全ての事例において関係していたのか，という点である。本書ではプロセスに参加するアクターが多くなればなるほど，終了に向けての合意調達に時間を要するであろうと想定していて，22事例中17事例が該当したが，終了プロセスにおいて両者の関係はそれほど強くなかった事例が存在した。強くなかったがために「内部・長期」「外部・短期」事例が確認されていたのであろう。

　さらに検討を進めて，終了のプロセスは合理的なものであったかどうかという点になるが，これはやはり政策形成過程と同様に十分に合理的なものではなく，多様性に富んでいたと言えるだろう。

次に仮説導出時に示した疑問である「仮説は排他的ではないため，仮に仮説が２つ同時に成立した場合，どちらの仮説が優先されるべきか」という問いにはいかなる答えが導きだされるのだろうか。「主導者」「時期」のうちどちらが強い要因であるか，あるいはある要因が効いた場合，他の要因は排斥されるのか。交互作用検討前の支持・不支持の事例数をみると（**表6-3-7**），「時期」要因の方が「主導者」要因より強く効いていると思われる。【仮説2-1】より【仮説2-5】が優先されていると考える。また，そこまで強く支持されていない残り３要因を検証する仮説はどれが優先されるかはここまでの検討では明らかにはできていない。

第5節　相互参照

　最後に仮説では示していないが，相互参照について検討結果を示す。まず相互参照が確認されたのは，鳥取―滋賀間，のみであった。岩手―青森間では，岩手は「青森は岩手の事例を参照していた」としたが，青森は「どこも参照していない」としたため，相互参照があったとは言えない。新潟県は「どこの事例も参照しなかった」とした。鳥取―滋賀間では，終了の時期が先行した鳥取県の終了事例を滋賀県の担当者らは参照していて，滋賀県の職員は鳥取県に問い合わせや資料の請求等を行っていた。

　本書の観察範囲では確認されたのはわずか１事例ではあったが，相互参照は政策が立案される時のみならず，終了プロセスでも起きていた。[2]

　2）　本書の観察対象外ではあるが，滋賀県の職員は，嘉田知事が自身の携帯電話で橋下知事の携帯電話に，府が府営槇尾川ダム事業を終了する際，業務手順などを指南しているのを目の前でみていたと話した（2013/10，2014/4）同じ参照でも職員同士の参照ではなく，知事同士の参照があったことも付け加えておく。

補　論　職員の行動の謎を解明する

1　残された2つの謎

　ここまでの検討を踏まえて，改めて疑問が2点，出てくる。職員の行動の謎である。1点目の謎である。都道府県職員の主な業務は政策の立案や執行などである。その行動原理は，例えば，官僚の行動様式の説明では，予算規模最大化を指向することで，自らが所属する組織の拡大や成長およびその利益を追求するとされ［例えば Niskanen, 1971 他多数］，これは中央政府のみならず，都道府県職員においても適用されるであろう。事業終了は，職員にとっては自らの部署がこれまで行ってきた業務のいわば否定であり，部署の予算削減はもちろん，部署そのものの縮小や廃止にもつながりかねない。終了という政策選択はこれまで指摘されてきたような官僚の行動様式とは相いれない。そのため政策や事業終了の促進要因には，政治家の存在の重要性が示されてきた。一方，終了の阻害要因に官僚の行動や心理的要因も挙げられていることを示してきた。

　では，なぜ青森，岩手，新潟で終了した全事業（計18ダム事例）は，いずれも県職員が終了の検討を開始し，主導したのか。筆者が明らかにした県営ダム事業の終了の現場では，職員らが率先して事業の終了検討を始め，多くの利害関係者と調整し，時に7年の長期間を要しながら地元住民の合意を取り付けた上，終了を決定していた実態があった。

　筆者がこれまで明らかにした実態は，一見すると Niskanen らの説明とは異なるようにみえる。事業終了を主導した職員らは，なぜ先行研究では説明ができないようにみえる行動をしたのか。それが1点目の謎であり，パズルである。

　2点目の謎である。なぜ職員は住民の意見を聴取したのか，という謎である。政策決定の際には，住民の意見を聴取するのが当然，という発想は所与のものではない。分権進展前では，職員主導の3県のうち，岩手と新潟の計12事例では聴取していない。これらの事例について，ヒアリングからは，当時の職員はそもそも住民の意見を聴取するという発想すらなかったような印象を受け

た。しかし，分権進展後は大きく異なる。ほぼ全事例で住民の意見を聴取している。分権進展後になぜ職員は住民の意見を聴取するようになったのか。住民の意見を聴くと，アクターが増えるため，プロセスが長期間に及ぶことは職員には予測できたはずである。なぜ難易度があがるかもしれない住民の聴取を行うようになったのかという謎が残る。知事主導県の場合は，繰り返しになるが，知事と県議会との利益が異なるという二元代表制からの説明が可能である。しかし職員主導の場合はよくはわからない。住民からの意見聴取を行ったとしても，終了への合意を調達できるとは限らないからである。これが2点目の謎である。本章ではこれらの謎に解答を試みる。

2 職員はなぜ率先して事業を終了したのか
1) 岩手県のケース："庁内の雰囲気"とは何か

　ここで改めて着目するのは岩手県が1997年に最初に終了した明戸ダムである。第4章で検討したように最初の事例の時の庁内の様子を当時の副知事はこう語っていた。「県財政は相当厳しくなっていた。予算要求しても金がつかない事業が多く，借金も増えていた。庁内の雰囲気も『事業継続』で頑張れない感じで，『そこまでしてダムをやる必要があるのか』という意見もあった。いけいけどんどんではやれない雰囲気があった」。

　職員たちが終了検討を開始するインセンティブとなった"庁内の雰囲気"とは何か。それは増田知事への交代，財政状況の悪化による政策転換など県政をめぐる環境変化に伴って立ち現れるいわゆる県庁全体の"空気感"に近いものではないかと推測する。この"空気感"は明文化された制度的なものに規律されなくても，多くの職員が認識し，行動原理や政策選択を変えていくほどに影響力を持つものであったのではないか。この"庁内の雰囲気"については，形容された単語は異なっていたが，青森県，新潟県の最初の事例の時も職員が言及している。

2) 青森県のケース：自らをいわば"縛る"方針を策定したのはなぜか

　青森県の観察結果を検討し，改めて論じたいのは，次の2点である。1点目は，なぜダム事業を所管する河川砂防課が「青森県ダム建設見直しの基本方

補　論　職員の行動の謎を解明する

針」（以下，「方針」）を策定したのか，2点目は民主党政権時の「ダム事業検討要請」に基づき，県が終了の検討を行った計2事業（奥戸，駒込）のうち1事業は「終了」，もう1事業は「継続」と判断していることである。終了と継続を分けたものは何か，というこの2点である。

1点目の「方針」策定の発端は，当時，県が建設を進めていたダム5事業全てが2003年に県の公共事業再評価等審議委員会（以下，「委員会」）で，再評価の対象となり，「委員会」から県に対し，今後の治水政策の考え方を示すよう求められたことである。ダム事業を所管する組織利益に反するような「方針」を策定したことについて，当時河川砂防課にいた職員は次のように語った。「（所管部署の事業推進を抑制する方針策定について）心理的抵抗はなかった。当時，ダムは環境面から社会で目の仇のようにされていたので，（方針策定で）逆に心理的には楽になった。『委員会』からは，複数のダムの課題を指摘されていたため，『方針』により，これらの課題解決の方向性も見えたし，業務を進めやすくなった」。ここからは職員は業務を進める上での課題解決のためには，事業終了を促進する方針策定を厭わず，むしろ歓迎していたことが観察される。先行研究で終了促進要因として指摘された「心理的抵抗」は全ての終了事例で確認されるわけではない。事業の課題解決が，仮に終了という政策選択であったとしても，それが組織利益と考えられる場合があるということである。

一方，2010年に国交省から県に対し，事業の継続か否かの検討を「要請」されたのは奥戸と駒込ダムの2事業であった。県は「ダム事業検討委員会」を設置し，国交省から示された「ダム事業の検証に係る検討に関する再評価実施要領細目」に則り，細目ごとに検討を行った。結果，奥戸ダムは「河道掘削と引堤の組み合わせが妥当」，駒込ダムは「ダムと河道掘削の組み合わせが妥当」とした。奥戸ダムは終了，駒込ダムは継続となった。

検討は次のように進んだ。まず，国交省から治水を検討する際の評価軸として，「安全度」「コスト」「実現性」「持続性」「柔軟性」「地域社会への影響」「環境への影響」が示された。次に，評価の仕方として「安全度を確保した上でコストを最も重視する」とされた。治水対策案としては，ダム，遊水地，放

────────────

1）　青森県職員へのヒアリング（2023年11月）。

水路，河道掘削，引堤，堤防の嵩上げ等計26例が示されていた。県はこれをもとに検討を進め，奥戸ダムは，ダム＋河道掘削94億円，遊水地＋河道掘削127億円，放水路＋河道掘削85億円，河道掘削＋引堤40億円で，「河道掘削＋引堤が最も安価」とし，ダムの終了を決定した。ダム建設予定の大間町に計画されていた原子力発電所の建設が東日本大震災で中断した。利水需要も縮小し，治水対策の選択肢からもダムは消滅した。県担当者は「もともと（ダムではなく）河川改修で（治水対策を）やれないかという議論は庁内でもあった」という。駒込ダムも同様の手順で検討が進み，ダム＋河道掘削499億円，遊水地＋河道掘削983億円，放水路＋河道掘削1410億円などとし，「ダム＋河道掘削が最も安価」とされ，駒込ダムは継続となった。事業の終了と継続を分けた要因は，国から示された手順に従って県が検証した結果であり，コスト面が重視されていた。職員らは，終了したダム事業の課題を認識しており，その課題解決が組織の目標であった。その帰結が事業終了であった。

3）　新潟県のケース：国の改革を終了の"好機"とみる

　新潟県で着目するのは次の2点である。1点目は，入川・三用川ダムの事例で，2点目は，常浪川と晒川ダムの事例である。順にみていこう。

　県担当者は「入川・三用川ダムは地盤に問題を抱え，その対応で費用が雪だるま式に膨らむことが当時の担当者には見えていた。これでは事業評価の段階で蹴られる（筆者注：継続が認められない）と考えていたようだ[2]」という。県は以前から課題を認識していた2ダムについては，国の「見直し」を"好機"とみて，終了検討を開始したとみられる。2ダムの終了を見据えつつ，まず，「見直し」対象となった3ダムを先に終了し，その後，越年し，タイミングを後ずらしして，2ダムの終了を決定したという。県は「複数ダム同時終了」という政策判断が社会へ与えるインパクトの大きさを懸念して，タイミングを後ずらしたとみられる。同様の現象では滋賀でも観察された。課題を解決するために，終了検討開始の"好機"をうかがう姿勢が観察され，いわばタイミングを見計らって，出発しようとするバスに飛び乗るような形で事業終了を進めた

　2）　新潟県担当者へのヒアリング（2023年11月）。

かのようにもみえる。

新潟や滋賀県が「複数ダム同時終了」を避けて各事業終了を軟着陸させよう
としたのは，予測される利害関係者からの終了への非難をあらかじめ回避する
姿勢であった。

次に，2012年に終了した常浪川，晒川ダムについて検討する。これら2ダム
は先述の「要請」の対象となった4事業のうちの2事業である。県は青森県と
同様に「ダム事業検証検討委員会」を設置し，検証を行った。まず，常浪川ダ
ムについては，ダム案250億円，河道改修（掘削＋引提）205億円，宅地のかさ
上げ＋河道改修等65億円で「河道改修が最も安価」とし，ダムは終了とされ
た。常浪川ダムは事業採択から30年以上が経過し，予定地での集落移転も完了
していたが，それでも終了となった。晒川ダムは，ダム案50億円，河道改修38
億円，と「河道改修が最も安価」とされ，終了が決定した。同時に検証対象と
なった残り2事業は「ダムが最も安価」とされ，継続となった。ここでも手順
に従って業務を進めた結果が終了であった実態は，青森と同様であった。治水
安全度を一定にして比較考量した場合，選択されるのは常に最も安価な政策手
法であった。国が示した通り，コストが最優先で，それより優先される評価軸
は結果的には存在せず，「実現性」「持続性」「柔軟性」「地域社会や環境への影
響」等は終了か継続かを規定していなかったようにうかがえる。

3　職員はなぜ住民からの意見を聴取したのか

筆者は改めて職員主導事例において，職員が終了プロセスにおいて住民の意
見を聴取した理由を確認した。職員からはいずれも明確な回答が返ってきた。
ここではこれらの回答内容について検討する。

岩手県は，全5事業を終了したが，うち最後の津付ダム事業の終了の際にの
み住民の意見を聴取している。その理由を岩手県の担当者は「再評価委員会と
地元の予定地双方からの要望があったため」[3]と回答している。事業終了に際
し，流域の首長が反対し，地域住民にも強い終了反対アクターがいたことが岩
手県の認識する住民の意見を聞いた理由である。

3）　岩手県担当者へのヒアリング（2014年10月）。

表補 - 1　職員が住民の意見を聴取した理由

	ダム名	職員が地域住民の意見を聴取した理由
岩手	明戸	―
	日野沢	―
	黒沢	―
	北本内	―
	津付	再評価委員会と住民からの要望
青森	磯崎	河川法改正
	中村	―
	大和沢	河川法改正
	奥戸	河川法改正
新潟	芋川	―
	中野川	―
	正善寺	―
	入川	―
	三用川	―
	佐梨川	―
	常浪川	国の「要綱」
	晒川	国の「要綱」

注：―は県が住民の意見を聴取していない事例

　青森県は，理由に「河川法改正[4]」を挙げた。県は終了検討以前に，それぞれ
の河川で河川法改正に基づき，河川整備計画の策定作業をしており，その際に
ダム事業推進前提で住民と協議をしていた。その前提が変更されるのであれ
ば，再度，住民への説明が必要と考えたという。行政の継続性が特徴としてみ
られる。

　新潟県は，終了した全9事業のうち最後に終了した2事業で住民の意見を聴
取している。新潟県の担当者はその理由を「国からの検証実施要領による[5]」と
回答した。これは国の「検証要請」の際，国交省から検証の内容や作業フ
ロー，手順などが具体的に記された文書が各地方政府に配布されたためであ

4）　青森県担当者へのヒアリング（2015年6月）。
5）　新潟県担当者へのヒアリング（2015年6月）。

る。ここには意見聴取先として「地域住民」が記載されていて，新潟県はこれに従ったとしている。新潟県の担当者らは，理由として事業評価委員会からの要請や河川法改正のことは否定した。

小　括

　問いへの解答を行う。まず，県職員は必ずしも予算最大化を指向していないことがわかった。終了という政策選択は，"庁内の雰囲気"の影響を受けたり，事業や政策における課題を解決しようとしたりした結果であった。その背景には，県職員らは自らの業務への知事からの介入を防ごうとする意図があったかもしれないが，そこまでの検証は本書ではできていない。職員らは中央政府の動向を利用したり，国が示した手順に従ったりした結果，終了という政策選択を行っていたが，それは常に国に追随するものでもなかった。またダム事業終了の現場は，戸矢が論じた「官僚の原動力は組織権限の最大化であるとする見解は誤り」［戸矢，2003：212］にも合致していないようにみえる。組織利益が何かは状況によって異なる。事業終了の観察を通じて見えてきたのは，中央地方をめぐる関係性の変容で，都度異なる姿を示す組織利益を，県職員らは社会情勢や政策環境に応じて判断し，追求していたと言え，その１つが終了であったということである。

　次に，各地方政府の職員らが認識する住民の意見を聴取した理由は，同一ではなく，かなりヴァリエーションがあった。河川法改正や国からの要領などは勿論，全国一律の内容であるが，それでも運用実態において，職員らの対応は地方政府ごとに異なっている。一方，住民の意見を聴取しなかった理由についても同様にヒアリングを行ったが，詳細を把握することはできなかった。担当者からは「よくわからない」「それが当然だった」という回答しか得られなかった。職員らにとって住民の意見を聞かなかったのは，ある種の受動的なものであったことが推測される。

終　章　"撤退戦の民主主義" とは何か

　本章では，本書の３つの問いへの解答を試み，課題と含意を検討し，最後に本書の冒頭の疑問であった地方政府が撤退戦を引き受ける理由はいかなるものかおよび撤退戦の民主主義とは何か，への本書の答えを示したい。

第１節　本研究の３つの問いへの答え

　本節では，調査の結果，明らかになったことを改めて確認する。本研究の問いは次の３つであった。

　問い１：終了を主導したのは誰か

　問い２：終了のプロセスはどのようなものか

　問い３：終了のプロセスに影響を与えたものは何か

1　「終了を主導したのは誰か」への答え

　まず，「終了を主導したのは誰か」という問いに対する答えは，知事と県職員となる。主導者は地方政府ごとに知事か県職員かで異なり，同一県内で主導者が変容した例はみられなかった。知事が終了を主導した理由は政策選好によるもので，職員が主導した事例が多かったことは想定外であった。先行研究では，終了促進要因として政治的要因を指摘したものが多く，本書の観察範囲では職員が主導した事例の方が知事主導事例より多く観察されたことは発見であった。

　また職員が主導した事例は，いずれも知事はダム事業終了に強い政策選好を持っていたわけではなかったが，財政規律の保持を指向していたことに相違はなかった。最初の終了事例はいずれも地方政府の財政状況の悪化に伴う政策転換を機に起きていることも示された。この政策転換の時期は地方政府によって異なるが，おおむね1997年やそれ以降で，知事交代の時期と一致している場合もあった。この時期の地方政治の変動が地方政府の政策選択に影響を与えてい

終　章　"撤退戦の民主主義"とは何か

たことが本書の観察でも裏づけられていた。職員らは新しいトップの政策選好
と政策選択の変容に応じる形で事業の終了を主導した。また主導者が誰であろ
うと，最初の終了事例のプロセスが重要で，最初の事例で課題や困難を認識し
た職員は「学習」効果を高め，後続の終了事例のプロセスでそれを生かしてい
たこともわかった。

　他にも職員主導事例では，多くのことが明らかになった。職員は必ずしもい
わゆる「予算規模最大化」を追求しているわけではなく，その時点での組織利
益を把握した上で，事業の課題も認識し，終了という政策選択を行っていた。
また，職員主導事例は，終了検討開始に際し国からの影響を受けた事例も多
く，困難が想定される終了という営為を，国からの影響を促進要因に位置づ
け，終了プロセスへと進んだ。また自らが所管するダム事業が国の改革の対象
になっていない段階でも，いずれ縮減の白羽の矢がたつことを想定しているよ
うにみえ，それを見据えて行動する「予測的対応」に近い現象が，特に前期に
終了した複数の事例で起きていた。しかし，地方政府ごと事例ごとに中央政府
との関係性はかなり多様であった。

　これに対して，地方議員や地域住民が終了主導者となったケースは存在しな
かった。地方議員は，中選挙区制で選出される制度による利益の違いからも説
明され，終了主導者にはなりにくいと考えられる。また，地方議員は現時点で
は河川政策の決定過程に十分参画できないことも理由と考えられる。一方，住
民も終了主導者ではなかった。住民による事業反対運動があった事例でも，終
了促進要因にはなるものの，運動が建設予定地以外の流域全体に浸透させるこ
とが難しく，主導者たりえなかったと推察された。

2　「終了のプロセスはどのようなものか」への答え

　次に「終了のプロセスはどのようなものか」という問いに対する答えを示
す。プロセスの類型を参加する「アクターの広がり」と合意調達に要した「期
間」の2軸で検討した。想定される終了プロセスは，「地域住民の意見を聴取
せず，地方政府内の関係者のみで終了を進めた場合，1年以内でプロセスは終
わり，地域住民の意見を聴取した場合，プロセスは1年以上を要する」のでは
ないか，と考えていた。それはおおむね裏付けられた。しかし例外事例も存在

193

していた。

　また，地域住民の意見を聴取せず，地方政府内の限られた関係者のみで議論や調整を進めて，1年以内で粛々と終了していく事業が観察対象の半数を占め，閉じられた環境でプロセスが進んでいた様子も浮かび上がった。政策が終了する際は，利害関係者らの反発もあり，プロセスは長期化していくだろうという想定は，終了というメカニズムの一部に過ぎず，全体の姿を映したものではなかった。

　全体の傾向として，時系列でみると，地方政府はプロセスに住民を参画させるようになり，それに伴い，プロセスは長期化していくことも明らかになった。

3　「終了のプロセスに影響を与えたものは何か」への答え

　最後に「終了のプロセスに影響を与えたものは何か」という問いに対する答えを示す。「終了主導者」，「国からの影響」，「反対アクター」，「進捗」，「分権の進展」，の計5要因を検証し，うち，「終了主導者」，「分権の進展」の2つが終了プロセスにおおむね影響を与えていて，「国からの影響」「反対アクター」「進捗」は弱い影響しか与えていないことがわかった。

　終了主導者が職員であった場合，終了プロセスは，住民の意見を聴取せず，1年以内で終わる事例が多く，主導者が知事であった場合，住民の意見を聴取し，1年以上を要する事例が多い。しかし，例外事例も一定数存在する。また，時を経ることに伴い，主導者が誰であれ，プロセスには住民の意見が聴取され，長期化している。

　また，分権の進展もプロセスに影響を与えていて，分権進展前に終了検討が開始された場合は，地方政府は住民の意見を聴取せず，1年以内でプロセスは完了し，分権進展後であった場合は，地方政府は住民の意見を聴取し，プロセスは長期化した事例が多い。しかし，ここも例外事例が一定数存在する。

　「国からの影響」「反対アクター」「進捗」については弱い影響を与えている状況はうかがえたものの，例外事例も複数あり，交互作用を検討したのちも，強い影響を与えているとは言えなかった。先行研究で終了促進要因と指摘されていた「進捗」「反対アクター」は，プロセスではそれが強く示されることは

終 章 "撤退戦の民主主義" とは何か

なかった。「国からの影響」も，中央政府は地方政府に対して終了検討のきっかけを与えた事例は多数確認されたものの，プロセスには大きな影響を与えていなかった。終了プロセスは地方政府が自律的に選択していた。また弱い影響しか与えていなかった上記3要因の組み合わせをみても，強い影響を与えている状況は確認できなかった。

また，あるプロセスを辿るための要因の組み合わせは「非対称」[Goertz & Mahoney, 2012＝2015] であることがわかった。住民を参画させずに1年以内で終了していくプロセスを辿るための要因の組み合わせは，ある程度決まっていたが，その逆の帰結である住民を参画させて1年以上をかけて終了していくプロセスを辿るための要因の組み合わせは何通りもあった。事業終了において異なるプロセスを導くための要因の組み合わせは正反対の鏡像ではなく，Goertz & Mahoney の指摘は本書の観察でもみられたこととなる。

一方，これらいずれの要因からも説明できない事例もあった。各事例の状況を確認すると，国からの影響に対する地方政府の対応の多様性や青森県の個別事情が原因と推測されるが，説明できない事例は残った。青森県では，これまで本研究で検討してきた要因では説明できない別の理由が存在する可能性がある。本書の観察結果を踏まえての，3つの問いに対する答えは以上である。

第2節 課題と含意

本節では，ここまでの検討で本書が明らかにできなかったことおよび明らかにできたことから導かれる含意を検討する。

1 本書が明らかにできなかったこと（どこまで説明できたのか）
1）「内部・短期」事業を終了した？

職員主導の場合，特に分権進展前では，住民の意見を聴取せず，1年以内に終わった事例が多い。これは職員が終了検討を開始する段階で，そもそも終了しやすそうな事業を選択した可能性がある。つまり原因と結果の矢印の向きが

1）組織の意思決定において中央政府の影響を受けず，地方政府自らの手で決めている[曽我，2016：18] とする。

逆ではないかという疑問が残る。終了プロセスで多くの困難があらかじめ予想されそうな事例には職員は手をつけなかったのではないかという疑問を本書では解決できていない。これは Blau が指摘した，資源が限定されている場合，効果がよりよくあがりそうなあるいは困難が想定されなさそう事例から優先的に扱うという官僚制の特徴［Blau, 1955］が表れていることはないのだろうか。しかし，分権進展後になると，その状況は異なる。主導者が誰であれ，どの事業を検討対象に選択しようと，住民の意見を聴取することは前提となりつつあり，長期間を要するであろうことを職員たちはあらかじめ予想可能だったはずである。しかし，終了の検討に値する事業としかるべき理由があれば，職員らは終了の検討を開始しなければならなくなったのである。

2）　例外事例の存在

　本書で説明できなかった部分は多い。そのほとんどは例外事例として検討した部分が該当する。例外事例の理由を「地方政府の多様性」としておおくくりの説明を試みたが，いかなる場合に地方政府の多様性が発現するのかはわからないままであった。多様性というのは，言い換えれば規則性が十分でないということで，事業終了プロセスは，合理的ではないということにもつながる。これは政策過程研究で示されてきた知見と同じである。また，本書で検討した5要因以外に要因が存在しているためではないかとも考えられる。例えば，ダムの規模や建設予定地の場所（国有地なのか市街地から近いかどうか等）は本書では検討していない。

　一方，分権進展前に終了検討を開始した多くの事例で，地方政府が住民の意見を聴取せず1年以内に終えることができたのは，ダム事業がもたらす利益が限定的かつ把握しやすかったことがあるのではないか。そのため地方政府は持てるリソースをそこに投下し，合意調達が可能であったと推測される。

　また，終了プロセスを明らかにするには，本書が採用した「参加アクター」と「期間」という軸は十分ではなかった可能性もある。全国でこれまで終了した都道府県営ダム事業は120以上存在する。全てを本書の分析枠組みで説明ができるとは考えにくい。今後の課題としたい。

終　章　"撤退戦の民主主義"とは何か

2　含　意

　上記課題を次への検討につなげるために，地方政府の政策選択の多様性について もう少し検討してみたい。論点は，「国からの影響」からみる中央政府との関係性についてである。

1）　地方政府が選択した国からの検討要請への応答方法

　「国からの影響」と地方政府の政策選択の関係を細かくみていくと，事例は大きく4つに分類される。

①　国の改革での名挙げをきっかけに終了検討を開始した
②　国の改革での名挙げ以前から自律的に地方政府で終了の検討を進めていて，検討途中で名挙げがあったため，名挙げを積極的に終了促進に利用し，終了を進めた
③　国の改革が起きたことをきっかけに名挙げされていない事業も終了した
④　国の改革で名挙げされていたが，それに全く影響されずに終了検討を開始した

　①からみえてくるのは受動的な政策選択をする地方政府の姿である。②③は，国からの影響を能動的に利用して，自らの政策選択を進めようとする地方政府の姿であった。さらに④のように国の意向を意に介さない場合もある。いずれの地方政府においても，事例ごとにかなりヴァリエーションがあった。表8-1に整理した。

　また，住民の意見を聴取した理由として地方政府が挙げた内容も，多様性があった。河川法や国が定めた検討の検証基準は全国一律である。にもかかわらず，地方政府が終了プロセスにおいて住民の意見を聴取するという政策選択を行った際に，根拠とした理由はさまざまであった。大きくは終了プロセスにおける現場裁量の範疇内で極めて自律的であったということであろう。

表終 - 1　地方政府の国への応答内容と該当する事例

地方政府の応答内容	該当する事例
国の改革での名挙げをきっかけに終了検討を開始【受動的】	黒沢（岩手），奥戸（青森），中野川，正善寺，羽茂川，常浪川，晒川（新潟）など多数
国の改革での名挙げ以前から検討を行っていて，名挙げを積極的に終了推進に利用【能動的】	明戸，日野沢，北本内（岩手），芋川（新潟），北川第1，第2（滋賀）
国の改革をきっかけに名挙げされていない事業も終了【能動的】	入川，三用川（新潟）
国の改革に名挙げされていたが，それに影響されずに終了検討を開始【能動的】	中部（鳥取），芹谷（滋賀），磯崎，中村，大和沢（青森）

2）　地方政府からみた「非難回避の政治」と中央政府からみた「手柄争いの政治」

今回観察した5つの地方政府には共通した特徴があった。終了主導者は知事であろうが職員であろうが，程度の差こそあれ共通して「非難回避の政治」［Weaver, 1986］を行っていたことである。「非難回避の政治」が最も端緒に現れたのは滋賀県や新潟県で，「複数ダム同時終了」という政策選択がもたらすインパクトを回避していた。他の県でも，積極的に，反対アクターへの説得材料に国からの影響を利用し，終了を最後まで導こうとしていた事例も存在していた[2]。

一方，国にとって3度の改革は，事業終了が改革の実績であった。つまり「手柄争いの政治」［Weaver, 1986］があてはまるようにみえる。国交省は終了した事業名をメディアに公表し，自らの公式サイトにも掲載し，世間に実績としてアピールした[3]。しかし，実際の終了プロセスを担った地方政府の方は，終了の経緯などが十分公表されていない事例も多くあった（特に岩手県と新潟県の分権進展前に検討が開始された事例群）。この差異はなぜ起きたのか。もちろん，都道府県営ダム事業の場合，終了反対アクターと直接向き合うのは地方政府であるため，終了がもたらすインパクトを最小限にしたいと地方政府が考えたこ

2）　滋賀県が複数ダム同時終了というインパクトを避けたのは，Weaver が指摘した「非難回避戦略」の特徴のうち「政策効果の分散」に該当すると推測する。また，他の地方政府が積極的に利用した「国の改革」は「政策決定者の可視化の低下」，代替策の実施は「争点の再定式化」が当てはまると考えた。

198

終　章　"撤退戦の民主主義"とは何か

とは想像がつく。それに加えて，この差異は，制度の相違から説明できると考えている。いずれの改革も政治主導で進んだ中央政府の場合は，小選挙区制で選出された国会議員は当時の社会動向を見据え，その時点での一般利益とみなされたダム事業終了を含む公共事業改革を指向した。しかし，地方政府は異なる。中選挙区で選出された地方議会の議員らは個別利益を指向し，ダム事業の終了には反対する可能性が高いことは既に述べた。地方政府は，終了検討前にそれをすでに経験として認識していたことも推測される。地方政府の二元代表性において知事と議員がそれぞれ指向する利益は相違していて，ダム事業はその相違点を顕在化させる特徴を持つ。中央政府と中央の政治家，知事と地方の政治家らのダム事業をめぐる利益は一致しないため，地方政府はなるべく終了を軟着陸されようと「非難回避の政治」を行ったのではないか。観察結果では，地方議会は表立って反対したケースはほとんどみられなかったが，都道府県ダム事業の終了は，地方政府からみれば「非難回避の政治」，中央政府からみれば「手柄争いの政治」になったのはこのような理由だと推測する。

3）　今後の終了事例は「外部・長期」へ

　終了プロセスは，住民の意見を聴取しない形態から聴取する形態へと変容し，要する期間も，1年以内から1年以上へと長期化している。今後，何かの事業を終了する際，住民の意見を聴取せず，1年以内で終了することは本書の

3）「与党3党の見直し」については国交省のオフィシャルウェブサイトでは終了した個別事業名まで掲載されている。
　　国交省，「平成12年度河川局関係事業における事業評価について」，「Ⅱ．再評価について」，「1．公共事業の抜本的見直し」https://www.mlit.go.jp/river/press_blog/past_press/press/200101_06/010328/010328_21.html（2024/09/29確認），「中止事業等一覧」http://www.mlit.go.jp/tec/hyouka/public/h12kekka/2-3.pdf（2024/09/29確認），「中止事業について」http://www.mlit.go.jp/kisha/kisha03/13/130401/03.pdf（2024/09/29確認）他多数。
　　「検証要請」についても終了した個別事業名は掲載されている。国交省，「個別ダム検証の状況」（平成28年8月25日），https://www.mlit.go.jp/river/dam/kensyo/kensyo01_1608.pdf（2024/09/29確認）他多数。
　　「ダム事業の総点検」については，終了した個別事業名は国からの公表としては国会会議録等にしかなかった。

観察からは想定されにくい。となると，2017年以降に終了検討を開始する事業
は「外部・長期」というプロセスを経るであろう。つまり，地方政府にとっ
て，今後は事業終了のハードルがあがっていく。

　縮小社会を背景に，地方政府の財政規律が厳しくなる中，今後，政策の終了
という営為への社会的要請は高まることが予想される。しかし，実際の終了を
担う地方政府にとっては，プロセスにかかわるアクターも増え，合意調達にも
さらに時間を要する事例が増え，困難さが増していく。終了への社会的要請と
終了プロセスの困難さはパラドックスの関係に陥る可能性がある。このパラ
ドックスをどう越えていくのかが今後の課題になるだろう。

第3節　地方政府が撤退戦を引き受けるのはなぜか，また，"撤退戦の民主主義" とは何か

　本節では，地方政府が撤退戦を引き受ける理由と，そこにおける民主主義と
は何かという本書冒頭の疑問への答えを示したい。

　本書で明らかにしてきたことの1つは，中央政府が改革を主導した場合，制
度変更においても改革においても，地方政府に対して一律の基準と考え方を示
す段階でとどまり，そこからのバトンは地方政府に任されたということであ
る。河川法の現場での運用や事業評価委員会での議論，事業終了のための検討
内容などは地方政府がほぼ担うことになっていた。決して「手柄争いの政治」
にはならないプロセスを，知事や職員らは引き受けてきた。とりわけ職員に
とって，積極的に取り組むインセンティブが働かない撤退戦を，地方政府が引
き受ける場合，いかなる選択をし，どのように行動するのかを本書はここまで
明らかにしようとしてきた。

　本書の答えは，撤退戦を引き受ける理由は，主導者によって異なるというも
のであった。知事が主導した場合は，自らの政策選好の実現のためであり，職
員が主導した場合は，知事の政策選好が浸透した"庁内の雰囲気"や変容する
組織利益の追求，事業課題の解決などが撤退戦を引き受けさせていたと考え
る。あるいは，知事からの業務への介入を防ぐためであったのかもしれない。

　撤退戦を担う際の選択は多様であった。知事は積極的に住民からの合意調達

終　章　"撤退戦の民主主義" とは何か

を求め，それに伴い生じる膨大な時間を要する状況を進んで引き受けていた。一方，職員主導の場合は，2000年代前半ごろまでは限定されたアクターの中で，粛々と終了に向けて検討を進めていたが，分権の進展を背景に，終了への反対も予想される住民を参画させる戦略に変更した。

　地方政府が撤退戦を通じて守りたかったものは何か。それは主導者が誰であれ，中央政府からの意思決定の自律性であり，地方政府への住民や地域社会からの信頼であったと考える。中央政府から示された一律基準に従うままで能動的に行動を起こさないならば，中央政府から何らかの介入が行われる可能性があることを地方政府は恐れたのではないか。特に河川政策は繰り返し述べたように中央政府との関係が密接で，地方政府の独立性が低い政策領域に属する。独立性の低い政策で，地方政府はいかにして自律性を保つのか。どの地方政府でのヒアリングにおいても，中央政府との関係や距離に細心の注意を払う職員の姿が例外なくうかがえた。それは中央政府との関係に苦慮するばかりではなく，時にはその力を利用するなどとして，中央政府との関係を能動的かつ戦略的にコントロールしようとするしたたかな地方官僚たちの姿であった。

　ここで改めて，地方政府における "撤退戦の民主主義" とは何か，という冒頭の疑問への本書の解答を示す。それは，撤退戦のプロセスに地域住民を参画させることである，という一見当たり前のような答えとなる。しかし，とりわけ撤退戦という非難回避政治を行わざるえない地方政府にとって，政策選択の代表性と正統性をより高めるために，それは必要な政策選択であり，また住民も撤退戦に積極的に参画したというのが本書の結論である。

　ここから言えることは，新規の政策形成以上に地方政府にとって住民からの合意調達が難しく，長期間を要することが想定される事業終了という撤退戦においても，本書が明らかにしたように地方政府が住民参加を選択し，そこで必要とされる合意調達の試みという営為から逃げないようになってきているのであれば，そしてそれによって中央政府からの自律性を保とうと努力しているのであれば，地方自治は新たな段階に来ているのかもしれない。今後，終了の社

---

4)　ここでの独立性は行政組織の資源である権限，財源，人員や情報を自分たちの判断で調達できるとする［曽我，2016：18］。つまり，河川政策は地方政府にとって自力で全て調達することが難しい特徴を持つ。

201

会的要請と終了のプロセスがパラドックスの関係に陥り，終了の難易度があがっていく可能性が高くなることを考えると，地方政府がこの撤退戦をいかにして戦っていくのかが一層問われることになる。

初出一覧

　本書は，筆者が神戸大学大学院法学研究科（政治学）博士後期課程在籍中に提出した学位取得論文『「撤退戦の民主主義：ダム事業終了に見る地方政府の政治過程』（2017年9月）をもとにし，その後追加調査を重ね，大幅に加筆修正したものである。本書の各章のもととなった既発表論文・報告は以下の通りである。なお，以下の論文・報告は特定の章に該当するものではない。

〈論　文〉
「河川統制から治水政策へのパラダイム転換：菅理からガバナンスへ」，『公共の経済・経営学：市場と組織からのアプローチ』2012，13章。

「撤退戦の民主主義：ダム事業終了に見る地方政府の政治過程」2017，神戸大学大学院法学研究科（政治学）博士後期課程学位取得論文。

「事業終了の政治過程：そのプロセスの類型化は可能か」『年報政治学』2019，70（2）。

「事業を推進するはずの県職員は，なぜ事業を終了したのか：ダム事業を対象にその謎に迫る」『地域開発』648（2024冬）。（主に補論）

〈報　告〉
「事業終了を主導したのは誰か：都道府県営ダム事業を題材に」2018年6月17日，日本公共政策学会2018年度第22回研究大会。

「地方政府の政策過程における決定要因：ダム事業終了の比較分析」2024年7月15日，日本地方政治学会・日本地域政治学会2024年度夏季学術大会。

あとがき

　子どもの頃から本が好きで，作家になりたかった。大学進学時は，文学部以外の選択肢は考えられなかった。しかし，古今東西の名作を読むにつれ，自分にはとても無理だと思い，卒業後は関西の放送局に入った。その後，新聞社に出向した時に，地方政府の記者クラブに配属された。それが私と政治・行政との幸運な出会いであった。私が取材した地方政府の職員や議員の多くは，仕事熱心で，時に毒舌を吐き，人間的にも魅力的な人ばかりであった。さらに目の前で政策が決まっていく過程は実にダイナミックで，その面白さに私はのめりこんだ。政治や行政は私にとって，主語が大きな遠い存在ではなく，1人称で語る人たちから繰り出される群像ドラマで，毎日の取材現場はまさに「地方自治は民主主義の学校」であった。東京のキー局に出向した時も，全国の地方自治の現場を取材する機会を与えられた。その後ついに仕事を1年休職して，大学院で学ぶ決断をした。これは好きが高じたこともあるが，そもそも，私はこの分野を，高校での授業以降学んだことがなかったため，取材を通じて得られる知見を十分理解し，アウトプットに昇華していく自信をなくしてしまったためであった。学び直しを始めてから10年以上がたった。私にとっての地方自治の魅力は減衰することは全くなく，本書の刊行にたどり着くことができた。

　曽我謙悟先生には指導教官として本研究実施の機会を与えていただき，その遂行にあたって終始変わらぬ熱意でご指導いただいた。初対面の私の入学希望を快くお引き受け下さり，時に厳しく時に暖かくご指導いただいた。先が見えないような苦しい時に「論文が完成するまで必ず併走させていただく」とおっしゃって下さったのにはどれだけ励まされたことか。私が本書を完成させることが可能となったのは曽我先生のおかげ以外何ものでもない。深謝の意を表する。本書のタイトルは，曽我先生の研究室で議論をさせていただいている時に曽我先生から出た言葉で，そのままタイトルに頂戴した。大西裕先生には主査として丁寧なご指導と多大なご助言を頂戴した。ご助言は厳しい内容のものが

あとがき

多く，提出する直前まで苦闘したが，改めて自分の研究と向き合うための貴重なものであった。ご指導いただいた内容を反映できたとは到底思えないが，それはひとえに筆者の力不足によるものである。改めてここに深謝の意を表する。品田裕先生にも副査としてこれまで筆者が得ていなかった視点からの多くのご助言を頂戴した。ここに深謝の意を表する。梶原晶先生，秦正樹先生には博士論文の細部に渡り有益かつ多くの示唆に富んだコメントを頂戴した。岡本哲和先生には，私が大阪市立大学大学院修士課程在籍時に，政策終了についての講義を受講し，本テーマに取り組むきっかけをいただいた。あの講義で受けた衝撃は以降，私の中で残り続け，このテーマへの関心はその後，全くぶれることがなかった。御礼申し上げる。修士・博士課程で指導して下さった全ての先生に感謝申し上げる。また，2023年冬，関西行政学研究会で本テーマで報告をさせていただいた時の議論は大変刺激的で，追加調査を行う視点を多くの先生からいただいた。

本書の執筆にあたり，地方政府に勤める皆さんをはじめ河川政策に携わる多くの方々からお力添えをいただいた。見ず知らずの私のために何度も多くの時間を割いていただき，時に無遠慮な質問にも丁寧に答えて下さった。皆さんのもとに伺うことはそれぞれの地域の河川のみならず文化や歴史に触れることにもつながり，学びが多くかつ豊穣なる時間であった。個々のお名前をここで申し上げるのは控えさせていただくが，厚く御礼申し上げる。皆さんの今後のご活躍を心より願っている。本書は皆さんへのエールの意味も込めた。

本書の内容は，かつての私の放送局や新聞社での職務内容とは何ら関係がないものである。しかしながら，仕事を通じて私が得た多くの問題意識や疑問が学びのきっかけとなった。特に他社の先輩方，とりわけ福地献一さん，平山長雄さん，井手雅春さん，古川英気さん，そしてどこの組織にも属さない相川俊英さん。皆さんに教えていただいた内容は，自分が社会といかに向き合うのかを改めて考えることとなり，その後本書につながった。厚く御礼申し上げる。

大学で勤務するようになって以降，私が本研究に取り組むことを厚く支援くださった竹安栄子先生，手嶋昭子先生にも感謝申し上げる。また，法律文化社の編集を担当して下さった八木達也さんには，不慣れな私との議論と行きつ戻りつする原稿に辛抱強く付き合って下さり，適切なコメントを都度頂戴した。

しかし本書に残った誤りなどは全て私の責任に帰するものである。

　最後にいつも私を励まし，応援してくれた母，研究者である叔父，弟たちおよびその家族。皆さんの支えがなくては，私はここまで到達することはできなかった。これまで皆さんと共にいることができたこと，これからも共に歩めることを本当に幸せだと思っている。ありがとう。そして，私が作家になりたがっていたことを知っていた亡き父にも本書の刊行を伝えたい。小説ではなく，全く違う種類の本を出したことを知って，大変驚くに違いない。

2025年1月

戸田　香

引用・参考文献

〔欧　文〕

Acemoglu, D., & Robinson, J. A. (2012). *Why Nations Fail: the Origins of Power, Prosperity and Poverty*. NY: Crown business. (=鬼澤忍訳 [2013]『国家はなぜ衰退するのか：権力・繁栄・貧困の起源』, 早川書房.)

Aldrich, D. P. (2008). *Site Fights: Divisive Facilities and Civil Society in Japan and the West*. Cornell University Press. (=リンダマン香織・大門信也訳 [2012]『誰が負を引きうけるのか：原発・ダム・空港立地をめぐる紛争と市民社会』, 世界思想社.)

Bachrach, P., & Baratz, M. S. (1962). Two Faces of Power. *The American Political Science Review*, 56(4), pp. 947-952.

Bardach, E. (1976). Policy Termination as a Political Process. *Policy Sciences*, 7, pp. 123-131.

Berry, C. R., Burden B. C., & Howell W. C. (2010). After Enactment: The Lives and Deaths of Federal Programs. *American Journal of Political Science*, 54(1), pp. 1-17.

Biller, R. P. (1976). On Tolerating Policy and Organizational Termination: Some Design Considerations. *Policy Sciences*, 7, pp. 133-149.

Blau, P. M. (1955). *The Dynamics of Bureaucracy: A Study of Interpersonal Relations in Two Government Agencies*. Chicago: University of Chicago Press. (=阿利莫二訳 [1958]『現代社会の官僚制』, 岩波書店.)

Brewer, G. B. (1974). The Policy Sciences Emerge: To Nurture and Structure a Discipline. *Policy Sciences*, 5(3), pp. 239-244.

Calder, I. R. (1999). *Blue Revolution: Land Use and Integrated Water Resources Management*. London: Earthscan. (=蔵治光一郎・林裕美子訳 [2008]『水の革命：森林・食糧生産・河川・流域圏の統合的管理』, 築地書館.)

Calder, K. E. (1988). *Crisis and Compensation: Public Policy and Political Stability in Japan*. Princeton, N. J.: Princeton University Press. (=淑子カルダー訳 [1989]『自民党長期政権の研究：危機と補助金』, 文藝春秋.)

Cohen, M. D., March, J. G., & Olsen, J. P. (1972). A Garbage Can Model of Organizational Choice. *Administrative Science Quarterly*, 17(1), pp. 1-25.

Dahl, R. A. (1961). *Who governs?: Democracy and Power in an American City*. New Haven: Yale University Press. (=河村望・高橋和宏監訳 [1988]『統治するのはだれか：アメリカの一都市における民主主義と権力』, 行人社.)

Dunleavy, P. (1991). *Democracy Bureaucracy and Public Choice: Economic Explanations in Political Science*. Hemel Hempstead; Tokyo: Harvester Wheatsheaf.

deLeon, P. (1978). Public Policy Termination: An End and a Beginning. *Policy Analysis*,

4(3), pp. 369-392.

deLeon, P. (1983). Policy Evaluation and Program Termination. *Policy Studies Review,* 4(2), pp. 631-647.

Frantz, J. E. (2002). Political Resources for Policy Terminators. *Policy Studies Journal,* 30(1), pp. 11-28.

Friedrich, C. J. (1963). *Man and His Government: An Empirical Theory of Politics.* NY: McGraw-Hill.

Goertz, G., & Mahoney, J. (2012). *A Tale of Two Cultures: Qualitative and Quantitative Research in the Social Sciences.* Princeton, N. J.: Princeton University Press.（＝西川賢・今井真士訳［2015］『社会科学のパラダイム論争：２つの文化の物語』，勁草書房.）

Geva-May, I. (2004). Riding the Wave of Opportunity: Termination in Public Policy. *Journal of Public Administration Research and Theory,* 14(3), pp. 309-333.

Hogwood, B. W., & Peters, B. G. (1982). The Dynamics of Policy Change: Policy Succession. *Policy Sciences,* 14(3), pp. 225-245.

Jacobs, J. (1984). *Cities and the Wealth of Nations: Principles of Economic Life.* New York: Random House（＝中村達也訳［2012］『発展する地域　衰退する地域：地域が自立するための経済学』，筑摩書房.）

Kirkpatrick, S. E., Lester, J. P., & Peterson, M. R. (1999). The Policy Termination Process A Conceptual Framework and Application to Revenue Sharing. *Policy Studies Review,* 16(1), pp. 209-236.

Kingdom, J. W. (1984). *Agendas, Alternatives, and Public Policies.* New York: Harper Collins Pub.（＝笠京子訳［2017］『アジェンダ・選択肢・公共政策：政策はどのように決まるのか』，勁草書房.）

Lambright, W. H., & Sapolsky, H. (1976). Terminating Federal Research and Development Programs. *Policy Sciences,* 7(2), pp. 199-213.

Lewis, D. E. (2002). The Politics of Agency Termination: Confronting the Myth of Agency Immortality. *The Journal of Politics,* 64(1), pp. 89-107.

Lindblom, C. E. (1959). The Science of 'Muddling Through'. *Public Administration Review,* 19(2), pp. 79-88.

Lukes, S. (1986). *Power: a Radical View.* Basingstoke: Macmillan Education.（＝中島吉弘訳［1995］『現代権力論批判』，未来社.）

Moore, B. Jr. (1966) *Social Origins of Dictatorship and Democracy: Lord and Peasant in the Making of the Modern World.* Boston: Beacon Press（＝宮崎隆次・森山茂徳・高橋直樹訳［1986］『独裁と民主政治の社会的起源：近代世界形成過程における領主と農民』，岩波書店.）

Niskanen, W. A. Jr. (1971). *Bureaucracy and Representative Government.* Chicago: Aldine, Atherton.

Putnam, R. D. (1993). *Making Democracy Work: Civic Traditions in Modern Italy.* Princeton, N. J.: Princeton University Press.（＝河田潤一訳［2001］『哲学する民主主義：伝統と改革の市民的構造』，NTT 出版.）

引用・参考文献

Pierson, P. (2004). *Politics in Time: History, Institutions, and Social Analysis*. Princeton, N. J.: Princeton University Press. (＝粕谷裕子監訳 [2010]『ポリティクス・イン・タイム：歴史・制度・社会分析』，勁草書房.)

Rhodes, R. A. W., & Marsh, D. (1992). New Directions in the Study of Policy Networks. *European Journal of Political Research*, 21(1-2), pp. 181-205.

Selznick, P. (1949). *TVA and the Grass Roots: A Study in the Sociology of Formal Organization*. University of California Press.

Tsebelis, G. (2002). *Veto Players: How Political Institutions Work*. Princeton, N. J.: Princeton University Press. (＝眞柄秀子・井戸正伸監訳 [2009]『拒否権プレイヤー：政治制度はいかに作動するか』，早稲田大学出版部.)

Waarden, F. V. (1992). Dimensions and Types of Policy Network Labels. *European Journal of Political Research*, 21(1-2), pp. 29-52.

Weaver, R. K. (1986). The Politics of Blame Avoidance, *Journal of Public Policy*, 6(4), pp. 371-398.

〔日本語〕

饗庭伸 (2015)『都市をたたむ：人口減少時代をデザインする都市計画』，花伝社.

秋吉貴雄 (2007)『公共政策の変容と政策科学：日米航空輸送産業における2つの規制改革』，有斐閣.

朝日新聞取材班 (2024)『8がけ社会：消える労働者 朽ちるインフラ』，朝日新聞出版.

飯尾潤 (1993)『民営化の政治過程：臨調型改革の成果と限界』，東京大学出版会.

飯國芳明・上神貴佳編 (2024)『人口縮減・移動社会の地方自治：人はうごく，町をひらく』，有斐閣.

五十嵐敬喜・小川明雄 (1997)『公共事業をどうするか』，岩波書店.

―――編著 (2001)『公共事業は止まるか』，岩波書店.

礒崎初仁 (2023)『地方分権と条例：開発規制からコロナ対策まで』，第一法規.

伊藤修一郎 (2002)『自治体政策過程の動態：政策イノベーションと波及』，慶應義塾大学出版会.

――― (2006)『自治体発の政策革新：景観条例から景観法へ』，木鐸社.

伊藤光利・田中愛治・真渕勝 (2000)『政治過程論』，有斐閣.

稲継裕昭 (2000)『人事・給与と地方自治』，東洋経済新報社.

井堀利宏 (2001)『公共事業の正しい考え方：財政赤字の病理』，中央公論新社.

今本博健 (2009)「これからの河川整備のあり方について」『都市問題』100(12), pp. 4-9.

植田今日子 (2016)『存続の岐路に立つむら：ダム・災害・限界集落の先に』，昭和堂.

大熊孝 (2007)『〔増補〕洪水と治水の河川史：水害の制圧から受容へ』，平凡社.

――― (2010)「技術にも自治がある：治水技術の伝統と近代」，宇沢弘文・大熊孝編『社会的共通資本としての川』第4章，東京大学出版会，pp. 119-143.

大嶽秀夫 (1994)『自由主義的改革の時代：1980年代前期の日本政治』，中央公論社.

――― (1996)『現代日本の政治権力経済権力：政治における企業・業界・財界〔増補新版〕』，三一書房.

大谷藤郎（1996）『らい予防法廃止の歴史：愛は打ち克ち城壁崩れ陥ちぬ』，勁草書房.

大野智彦（2012）「流域委員会の制度的特徴：クラスター分析による類型化」『水利科学』56(5)，pp. 58-78.

───（2014）「自然公物のガバナンスの再検討：河川管理を対象として」三俣学編著『エコロジーとコモンズ：環境ガバナンスと地域自立の思想』，晃洋書房，pp. 253-269.

岡本哲和（1996）「政策終了理論に関する考察」『情報研究：関西大学総合情報学部紀要』(5)，pp. 17-40.

───（2003）「政策終了論：その困難さと今後の可能性」，足立幸男・森脇俊雅編著『公共政策学』10章，ミネルヴァ書房，pp. 161-173.

───（2012）「二つの終了をめぐる過程：国会議員年金と地方議員年金のケース」『公共政策研究』(12)，pp. 6-16.

───（2021）「政策終了」，森本哲郎編『現代日本政治の展開：歴史的視点と理論から学ぶ』第7章7，法律文化社，pp. 174-178.

小田切徳美（2014）『農山村は消滅しない』，岩波書店.

小野有五（2010）「川・魚・文化：天塩川水系・サンル川から考える」，宇沢弘文・大熊孝編『社会的共通資本としての川』第12章，東京大学出版会，pp. 357-393.

帯谷博明（2004）『ダム建設をめぐる環境運動と地域再生：対立と協働のダイナミズム』，昭和堂.

角幡唯介（2006）『川の吐息，海のため息：ルポ黒部川ダム排砂』，桂書房.

梶原健嗣（2014）『戦後河川行政とダム開発：利根川水系における治水・利水の構造転換』，ミネルヴァ書房.

───（2021）『近現代日本の河川行政：政策・法令の展開：1868～2019』，法律文化社.

嘉田由紀子編（2003）『水をめぐる人と自然：日本と世界の現場から』，有斐閣.

嘉田由紀子・中谷惠剛・西嶌照毅・瀧健太郎・中西宣敬・前田晴美（2010）「生活環境主義を基調とした治水政策論：環境社会学の政策的境位」『環境社会学研究』(16)，pp. 33-47.

加藤淳子（1997）『税制改革と官僚制』，東京大学出版会.

蒲島郁夫（2004）『戦後政治の軌跡：自民党システムの形成と変容』，岩波書店.

上川龍之進（2005）『経済政策の政治学：90年代経済危機をもたらした「制度配置」の解明』，東洋経済新報社.

───（2014）『日本銀行と政治：金融政策決定の軌跡』，中央公論新社.

加茂利男・徳久恭子編（2016）『縮小都市の政治学』，岩波書店.

岸政彦・石岡丈昇・丸山里美（2016）『質的社会調査の方法：他者の合理性の理解社会学』，有斐閣.

北村亘（2009）『地方財政の行政学的分析』，有斐閣.

北村亘編（2022）『現代官僚制の解剖：意識調査から見た省庁再編20年後の行政』，有斐閣.

北村亘・青木栄一・平野淳一（2024）『地方自治論：2つの自律性のはざまで　新版』，有斐閣.

木寺元（2012）『地方分権改革の政治学：制度・アイディア・官僚制』，有斐閣.

北山俊哉（2011）『福祉国家の制度発展と地方政府：国民健康保険の政治学』，有斐閣.

───（2021）「『ポリティクス・イン・タイム』から見た大蔵省と土建国家：市民を建設作業員として雇った国家」政策科学28(3)，pp. 73-93.

引用・参考文献

京俊介（2011）『著作権法改正の政治学：戦略的相互作用と政策帰結』，木鐸社．

熊本日日新聞社編（2004）『検証・ハンセン病史』，河出書房新社．

熊本日日新聞社取材班（2010）『「脱ダム」のゆくえ：川辺川ダムは問う』，角川学芸出版．

久米郁男（1998）『日本型労使関係の成功：戦後和解の政治経済学』，有斐閣．

藏治光一郎編（2008）『水をめぐるガバナンス：日本，アジア，中東，ヨーロッパの現場から』，東信堂．

建設省河川法研究会編（1997）『改正河川法の解説とこれからの河川行政』，ぎょうせい．

公共事業チェック機構を実現する議員の会編（1996）『アメリカはなぜダム開発をやめたのか』，築地書館．

斉藤淳（2010）『自民党長期政権の政治経済学：利益誘導政治の自己矛盾』，勁草書房．

佐々田博教（2011）『制度発展と政策アイディア：満州国・戦時期日本・戦後日本にみる開発型国家システムの展開』，木鐸社．

佐藤公俊（2009）「住民参加型の政策過程における政策的帰結：淀川水系河川整備計画を素材として」『日本地域政策研究』(7)，pp.57-64．

嶋津暉之（2007）「大規模ダム建設は必要なのか」『都市問題』98(6)，pp.46-53．

城山英明・鈴木寛・細野助博編著（1999）『中央省庁の政策形成過程：日本官僚制の解剖』，中央大学出版部．

新川敏光・ボノーリ編著，新川敏光監訳（2004）『年金改革の比較政治学：経路依存性と非難回避』，ミネルヴァ書房．

新藤宗幸（2002）『技術官僚：その権力と病理』，岩波書店．

神野直彦（2010）「地方分権：川を住民が取り戻す時代」，宇沢弘文・大熊孝編『社会的共通資本としての川』第14章，東京大学出版会，pp.411-427．

砂原庸介（2011）『地方政府の民主主義：財政資源の制約と地方政府の政策選択』，有斐閣．

――――（2012）「公益法人制度改革：「公益性」をめぐる政治過程の分析」『公共政策研究』(12)，pp.17-31．

――――（2022）『領域を超えない民主主義：地方政治における競争と民意』，東京大学出版会．

宗前清貞（2005）「公立病院再編とアイディアの政治」『都市問題研究』57(8)，pp.82-96．

――――（2008）「医療供給をめぐるガバナンスの政策過程」『年報政治学』59(2)，pp.100-124．

曽我謙悟（2006）「中央省庁の政策形成スタイル」村松岐夫・久米郁男編著『日本政治変動の30年：政治家・官僚・団体調査に見る構造変容』，東洋経済新報社．

――――（2013）『行政学』，有斐閣．

――――（2016）『現代日本の官僚制』，東京大学出版会．

曽我謙悟・待鳥聡史（2007）『日本の地方政治：二元代表制政府の政策選択』，名古屋大学出版会．

谷富夫・芦田徹郎編著（2009）『よくわかる質的社会調査：技法編』，ミネルヴァ書房．

谷富夫・山本努編著（2010）『よくわかる質的社会調査：プロセス編』，ミネルヴァ書房．

ダム工学会近畿・中部ワーキンググループ（2012）『ダムの科学：知られざる超巨大建造物の秘密に迫る』，ソフトバンククリエイティブ．

辻陽（2006a）「地方議会の党派構成・党派連合：国政レベルの対立軸か，地方政治レベルの対

立軸か」『近畿大學法學』54(2)，pp. 72-128.

―――― (2006b)「地方議会と住民：地方議会における党派性と住民による請願・直接請求」『近畿大學法學』54(3)，pp. 126-170.

―――― (2007)「『革新』首長・90年代『非自民』首長と地方議会：イデオロギー観の違いがもたらすもの」『近畿大學法學』55(3)，pp. 63-88.

―――― (2013)「多選首長の政策と政治手法」『近畿大學法學』61(1)，pp. 1-35.

―――― (2015)『戦後日本地方政治史論：二元代表制の立体的分析』，木鐸社.

辻清明 (1969)『日本官僚制の研究〔新版〕』，東京大学出版会.

辻中豊 (1988)『利益集団』，東京大学出版会.

―――― (2000)「官僚制ネットワークの構造と変容：階統型ネットワークから情報ネットワークの深化へ」水口憲人・真渕勝・北原鉄也編著『変化をどう説明するか：行政篇』，木鐸社.

手塚洋輔 (2010)『戦後行政の構造とディレンマ：予防接種行政の変遷』，藤原書店.

東京大学「水の知」（サントリー）編 (2010)『水の知：自然と人と社会をめぐる14の視点＝Wisdom of water』，化学同人.

鳥取県・三朝町編 (2006)『"水没"から"再生"へのアプローチ：ダム建設計画の中止で甦る水没予定地域再生の記録』，旧中部ダム予定地域振興協議会.

戸矢哲朗 (2003)『金融ビッグバンの政治経済学：金融と公共政策策定における制度変化』，東洋経済新報社.

中村長史 (2024)「対外政策終了と非難回避の政治過程：駐留米軍撤退決定時の責任転嫁」『年報政治学』2024(1)，pp. 263-284.

南島和久 (2021)「政策過程と政策終了」，佐野亘監修，山谷清志監修・編著『政策と行政　これからの公共政策学2』第3章，ミネルヴァ書房，pp. 73-94.

―――― (2024)「政策終了に関する一考察：佐渡市入浴施設あり方検討会の事例（兵藤守男教授退職記念）」『法政理論』56(3)，pp. 99-112.

新川達郎 (2008)「河川整備計画における住民参加と協働：その実践と展開可能性」『計画行政』31(2)，pp. 3-9.

西尾勝 (1975)『権力と参加：現代アメリカの都市行政』，東京大学出版会.

―――― (1990)『行政学の基礎概念』，東京大学出版会.

日本ダム協会 (2016)『ダム年鑑2016』，日本ダム協会.

日本弁護士連合会公害対策・環境保全委員会編 (2002)『脱ダムの世紀：公共事業を市民の手に』，とりい書房.

朴相俊 (2020)『47都道府県の地方自治：「市町村への権限移譲」に見る制度運用の比較研究』，大阪大学出版会.

橋本将志 (2009)「制度改革期の政策過程分析に向けて：政策終了論の再検討」『早稲田政治公法研究』(90)，pp. 1-15.

林直樹・齊藤晋編 (2010)『撤退の農村計画：過疎地域からはじまる戦略的再編』，学芸出版社.

林直樹 (2024)『撤退と再興の農村戦略：複数の未来を見据えた前向きな縮小』，学芸出版社.

ヒジノ　ケン・ビクター・レオナード，［石見豊訳］(2015)『日本のローカルデモクラシー』，

芦書房.

広井良典（2019）『人口減少社会のデザイン』，東洋経済新報社.

福井弘教（2021）「公営競技撤退における首長判断をめぐって」『公共政策志林』（9），pp. 321
-336.

藤田由紀子（2008）『公務員制度と専門性：技術系行政官の日英比較』，専修大学出版局.

藤本一美（2020）『青森県知事 三村申吾：長期政権の「光」と「影」』，北方新社.

古市佐絵子・立川康人・宝馨（2007）「治水事業と地域計画との連携における課題抽出とその
解決への一考察」『京都大学防災研究所年報』50（B），pp. 95-106.

古谷桂信（2009）『どうしてもダムなんですか？：淀川流域委員会奮闘記』，岩波書店.

堀田新五郎・林尚之編著（2024）『撤退学の可能性を問う』，晃洋書房.

保屋野初子（2007）「ダム堆砂は川と海への『20世紀負の遺産』」『世界』（767），pp. 241-250.

眞柄秀子・井戸正伸編（2007）『拒否権プレイヤーと政策転換』，早稲田大学出版部.

政野淳子（2007）「流域住民の参加こそ河川行政の基本」『都市問題』98（6），pp. 62-70.

――――（2008）「河川計画行政とその課題」『計画行政』31（2），p. 10-15.

牧原出（2003）『内閣政治と「大蔵省支配」：政治主導の条件』，中央公論新社.

町村敬志編（2006）『開発の時間 開発の空間：佐久間ダムと地域社会の半世紀』，東京大学出
版会.

――――編著（2011）『開発主義の構造と心性：戦後日本がダムでみた夢と現実』，御茶の水
書房.

真渕勝（2009）『行政学』，有斐閣.

馬渡剛（2010）『戦後日本の地方議会：1955-2008』，ミネルヴァ書房.

三田妃路佳（2008）「河川行政の政策転換における政治家と官僚：新河川法改正と淀川水系流
域委員会を事例として」『社会とマネジメント』5（2），pp. 83-104.

――――（2010）『公共事業改革の政治過程：自民党政権下の公共事業と改革アクター』，慶応
義塾大学出版会.

――――（2012）「政策終了における制度の相互連関の影響：道路特定財源制度廃止を事例と
して」『公共政策研究』（12），pp. 32-47.

三谷宗一郎（2020）「時限法の実証分析：離散時間ロジットモデルによる存続要因の導出」『年
報政治学』2020（1），pp. 152-177.

宮本博司（2009）「チェンジ！淀川で生まれる新しき自治の流れ」『地方自治職員研修』42（2），
pp. 58-60.

武藤博己（1994）「公共事業」西尾勝・村松岐夫編『講座行政学：政策と行政』，有斐閣.

――――（2008）『道路行政』，東京大学出版会.

村松岐夫（1981）『戦後日本の官僚制』，東洋経済新報社.

――――（1988）『地方自治』，東京大学出版会.

――――（2001）『行政学教科書：現代行政の政治分析〔第2版〕』，有斐閣.

――――（2010）『政官スクラム型リーダーシップの崩壊』，東洋経済新報社.

森裕之（2008）『公共事業改革論：長野県モデルの検証』，有斐閣.

柳至（2012）「自治体病院事業はどのようにして廃止されたか」『公共政策研究』（12），pp. 48
-60.

─────（2014）「首長と議会の対立を抑制するもの：地方自治体におけるダム事業を事例にして」『政策科学・国際関係論集』(16), pp. 63-99.

─────（2018）『不利益分配の政治学：地方自治体における政策廃止』, 有斐閣.

矢作弘（2014）『縮小都市の挑戦』, 岩波書店.

山口二郎（1987）『大蔵官僚支配の終焉』, 岩波書店.

山下淳（2010）「ローカル・ガバナンスと行政法：淀川水系河川整備計画を材料にして」『都市計画』59(1), p. 17-22.

山谷清志（2012）「政策終了と政策評価制度」『公共政策研究』(12), pp. 61-73.

米岡秀眞（2022）『知事と政策変化：財政状況がもたらす変容』, 勁草書房.

寄本勝美（1998）『政策の形成と市民：容器包装リサイクル法の制定過程』, 有斐閣.

若井郁次郎（2009）「河川整備計画をめぐる合意コンフリクト」『計画行政』32(3), pp. 23-28.

〔その他資料〕

〈国土交通省〉

• オフィシャルウェブサイトに掲載されている資料（http://www.mlit.go.jp/）

〈各都道府県〉

• オフィシャルウェブサイトに掲載されている資料

• 公共事業再評価調書（都道府県によって名称は異なる場合がある）
　年代によって公開されている場合とされていない場合があり, 公開されていない場合は情報公開請求を行い, 入手した。そもそも存在しないとされた場合もあり, 都道府県へのヒアリングで補った。

• 公共事業評価委員会議事録（都道府県によって名称は異なる場合がある）と委員会で配布された資料。
　公開されている場合とされていない場合があり, 公開されていない場合は情報公開請求を行い, 入手した。そもそも存在しない場合は都道府県へのヒアリングで補った。

• 組織図と職員名簿（都道府県によって名称が異なる場合がある。ヒアリングで補った場合もある）

• ダム事業が予定されていた河川の河川整備基本方針と河川整備計画および関連資料（策定途中の場合は途中の議論の資料等）

• 各都道府県が作成している治水計画と河川計画（都道府県によって名称は異なる）

• ダム終了の経緯などをまとめた報告書（存在したのは鳥取県のみ）

〈国会〉

• 国会会議録

〈新聞記事〉

• 朝日新聞, 読売新聞, 毎日新聞, 日本経済新聞, 京都新聞他

資　料

質問項目・主なヒアリングリスト

5 県へのヒアリング依頼書と質問項目（例）

※　「ヒアリング依頼書」はいずれの県へもほぼ同じ内容のものを送付した。ここ
　では代表的なものを添付した。

※　また，各県ごとにオフィシャルウェブサイトなどで公開されている内容，終了
　した事業数や状況が異なるため，別紙とした「質問項目」は各県ごとに異なる内
　容となった。同一県へのヒアリングにおいても回ごとに質問項目は異なったが，
　ここでは第1回目のヒアリングの際の質問項目を代表例として添付した。

※　なお，これ以外にいずれの県ともに担当者への電話・メールでの追加質問を複
　数回行ったがその際の文言等についてはここでの記載は省略した。

資　料　質問項目・主なヒアリングリスト

○○県△△課
××××様

神戸大学大学院法学研究科（政治学）

博士後期過程　戸田　香

〈ヒアリングのお願い〉

拝啓

　皆さまにおかれましては，ますますご清祥のこととお慶び申し上げます。

　さて，私は地方政府の政治過程をテーマに研究を進めています。人口減少社会を迎え，社会的環境変化を踏まえて，県営ダム事業を対象に「政策終了」「事業中止」の調査を行っております。貴県におかれましても，県営ダム事業を中止されたことを，貴県のHP，国交省，新聞記事などで知りました。

　つきましては，貴県において，事業の中止をめぐってどのようなプロセスを経られたのかヒアリングさせていただきたく存じます。

　大変お忙しいところ，誠に恐縮ではございますが，ぜひ，お話をお伺いさせていただきたく，ご検討くださいますようお願い申し上げます。

敬具

〈○○県庁への訪問希望日時〉
※※月※※日（※），☆☆月☆☆日（☆），◇◇月◇◇日（◇），のいずれかはいかがでしょうか
（お時間はご相談させていただければと存じます。頂戴するお時間は1時間半程度です）

〈お聞かせいただきたい主な内容〉
県営▽▽，▲▲ダム事業の中止をめぐる行政及び政治過程について。
※質問項目は，別紙にまとめてあります。

〈これまでに上記テーマでヒアリングをさせていただいた都道府県〉
●県，◎県，□県，◆県，■県

▽▽県■■■■部◇◇課長
○○○○様

神戸大学大学院法学研究科（政治学）

博士後期課程　戸田　香

〈お聞かせいただきたい主な内容〉
※対象は□□ダム事業です。（90年代以降，この事業以外に県営ダムで中止されたものがありましたら，そのダムも対象にさせて下さい）

1　□□ダム事業の実施計画調査の開始年（事業採択年）と，「中止」が検討され出した時期，中止が決定した時期を，それぞれ教えて下さい。
2　「中止」が検討されたきっかけは何だったのでしょうか。
3　事業の開始理由と中止理由を教えて下さい。
4　貴県では，ダム中止に際し，県の例えば「大型公共投資見直し計画」のような公共事業全体を見直したり，治水計画全体を見直したりする指針のようなものがありましたか。
5　事業中止に際し，国との事前の情報交換や国からのアドバイス，コメントなどありましたか。
6　2000年の「与党3党による公共事業の抜本的見直し」は，貴県の中止判断に影響を与えましたか。（例：「与えていない。「与党3党の見直し」以前から県独自で中止は検討していた」等）
7　□□ダムは，中止判断以前に，県の再評価委員会等で「継続」と判断されたことがありましたか。
8　□□ダムの中止反対者（ダム推進派）はどのような人たちでしたか（例：地元市町村，地元県議・市議等）。また，主に中止を推進した部署・人たちはどのような人たちでしたか。
9　8でのそれぞれの立場でのご意見と，中止に伴い発生した庁内外での動きについても教えて下さい。
10　中止への合意の取り付け方（庁内・庁外ともに）はどのようなものでしたか。（例：予算編成過程の可視化等）
11　中止の際，地域住民へはどのような説明をなされましたか。
12　□□事業の中止時点での事業の建設上の進捗状況と，河川整備計画策定の進捗状況を教えて下さい。
13　□□ダム事業の中止時点で計画があった県営ダム事業全てと，それぞれの事業の建設上の進捗状況を教えて下さい。
14　現在，計画が進行している県営のダム事業にどのようなものがあるか教えて下さい。

資　料　質問項目・主なヒアリングリスト

15　□□ダム事業が中止された時点での「総事業費」と「その時点までに投入された費用」及び「当初の事業費」を教えて下さい。

16　ダム中止をめぐって，△△知事の姿勢はどのようなものでしたか。

17　□□ダムの中止と並行して，貴県内では，国所管のダム計画が進行していたものがありましたか。あれば，これらは県営ダム中止に何らかの影響を与えましたか。

18　中止が決定されるまでのプロセスにおいて，何が最も高いハードルでしたか。

19　中止を決定した場所はどこでしたか。（例：評価委員会，住民集会，知事直轄の審議会等）

20　□□ダム中止が政治争点化したことがありますか。

21　ダム中止に伴い，河川改修や地元振興策等「代替策」に該当する政策は実施されましたか。

22　ダム中止に際し，「河川の安全度」（確率）を変更されましたか。変更されたのであれば，理由を教えて下さい。変更に際し，住民や議員から反対はありましたか。

23　中止後，県内の他の政策領域で中止になった事業はありますか。

24　貴県でのダム中止に際し，他の都道府県との情報交換等はありましたか。（例：知事レベルでの情報交換，人事交流の職員レベルでの情報交換，課長レベルでの情報交換等）

25　貴県のダム中止が，国に与えた影響はありますか。

26　貴県のダム中止が，庁内の組織，他の政治家，県内市町村の首長，地域社会との関係に与えた影響はありますか。（その帰結も含めて教えて下さい）

27　△△知事初当選以降，公共事業にかかわる庁内の組織改編がありましたか。あれば，どう改編したのか教えて下さい。

28　■■■■という組織ができたのはいつですか。

29　□□ダム事業は「1件審査」の対象だったのでしょうか。

30　貴県のここ20年の河川事業予算・公共投資に関する予算の金額（推移）を教えて下さい。

31　貴県で，ここ20年で一般会計予算の規模が最も大きかったのはいつでしたか。

32　貴県に国交省（旧建設省）から出向してきた技術系職員は，ここ20年でおられましたか。

33　貴県から技術系の職員が近隣自治体へ出向することはありますか。

以上です。
多数の質問がありまして，お手数おかけしますが，どうぞ，よろしくお願いします。
ご回答が難しいものについては飛ばしてもらって結構です。
あと，□□ダムの位置を貴県内の地図に落としてもらったものを1枚，
ヒアリングの際に頂戴出来ますか。イラストレベルで結構ですので，よろしくお願いします。

主なヒアリング日時と応接した担当者リスト

（以下は筆者が県庁に赴いた分のみで，他メールでのやりとりや電話での問い合わせは含まない。組織の名称や担当者の肩書はいずれも当時のものである。）

- **鳥取県**

2014/06/14，2015/03/13

県土整備部河川課課長補佐，同課係長，同課土木技師

- **滋賀県**

2013/10/13，2014/04/09，2014/11/13，2015/03/20

土木交通部流域治水局流域治水政策室主査

- **岩手県**

2013/11/23，2014/10/24

県土整備部技監，同部河川課総括課長，同課河川開発課長，同課主任主査，同課主査

- **青森県**

2014/01/31，2015/06/17，2018/03/23，2023/11/20，2024/10/25

県土整備部河川砂防課課長代理，同課ダムグループマネジャー総括主幹，同グループサブマネジャー主幹，同グループ主幹，駒込ダム建設所長

- **新潟県**

2014/04/25，2015/05/17，2019/05/24，2023/11/17

土木部河川管理課企画調査係副参事，同係主査，同係主任，同部河川整備課事業計画係事業計画係長，同課ダム海岸整備係長，同係

索　引

【あ 行】

アイディア，政策アイディア…16, 78, 89, 93, 97, 102, 107, 163

青森県公共事業再評価等審議委員会…126, 127, 137, 142, 187

青森県ダム建設の見直し基本方針…127, 130, 142, 186

青森県ふるさとの森と川と海の保全および創造に関する条例…127, 128, 130, 141

アクターの広がり…8, 57-59, 166, 183, 193

アクティブインタビュー…71

移管（中央政府から地方政府への）…32, 33

イシューネットワーク…58, 59, 167

泉田裕彦…74, 155

1年以内，1年以上（終了のプロセスが要する期間としての）…60, 61, 166, 199

一般利益…31, 108, 170, 186, 199

【か 行】

改革派知事…74, 76

河川管理，河川管理者…26-29, 31-33, 50, 56

河川政策…8, 23, 24, 29, 31, 34, 49, 50, 54, 193, 201

河川整備計画…5, 39, 50, 128, 134, 189

河川法，河川法改正…5, 24, 26, 32, 38, 39, 67, 128, 189, 191, 200

課題解決…188, 191, 200

片山善博…74, 80, 81, 83-86, 163

嘉田由紀子…74, 89-91, 93, 94, 98, 102, 105-107, 163, 184

議会，地方議会（県の）…74, 75, 117, 134, 164, 171, 174

期　間…8, 57, 59, 166, 183, 193

技術官僚…5, 8, 50, 51, 55

規則性・因果関係…15, 57

基本高水流量…31, 50-52

客観的叙述…71

空白のセル［本書での仮説検証の上で，事例が存在しない類型等として］…70, 170, 171, 180

国からの影響（地方政府への）…9, 10, 61, 62, 75, 87, 107, 123, 141, 160, 169, 171, 172, 176-179, 193, 194, 197

組み合わせ（要因の）…70, 179-182, 195

経　緯…70, 86, 97, 101, 102, 115, 118, 122, 130, 132, 135, 140, 146, 149, 153, 154, 158

建設業者（地元の）…173, 174

建設工事［本書ではダムの建設段階としての］…53, 54, 174

建設差し止め訴訟…28, 29

建設事務所…93, 105

公開，情報公開…85, 163

公共事業改革（国による）…8, 34, 35, 41, 72, 199

交互作用…176-179

個別利益…108, 164, 173, 174, 185, 186, 193, 199

【さ 行】

最初の終了事例…105, 117, 124, 127, 129, 142, 160, 161, 164, 186, 192, 193

財政改革，財政規律，財政再建，財政資源の制約，財政状況の悪化，財政運営上の困難…3, 4, 10, 31, 109, 113, 124, 127, 142, 145, 155, 161, 163, 164, 186, 192, 200

再評価…36, 37

事業の終了…1-5, 7, 13-15, 52, 187, 191, 199

事業評価，事業評価制度…36, 38

事業評価委員会，事業評価監視委員会…9, 37, 38, 89, 91, 92

集権的…8, 49, 55

住民からの意見を聴取する（聴取しない，も

含む)…11, 166, 171, 185, 186, 189-191,
196, 197, 199

住民からの合意調達，住民との合意…68, 69,
71, 100, 161, 183, 186, 200

住民参加，住民の参画…8, 38, 39, 55, 59, 67,
108, 171, 194, 201

終了決定［本書での定義］…69

終了検討，終了検討開始…41, 68, 69, 71, 75,
176, 195-197

終了主導者（終了の主導，も含む）…8-10,
29, 56, 61, 74, 78, 87, 107, 123, 124, 141,
142, 160, 161, 163-165, 169, 170, 176, 177,
192, 194, 200

終了促進要因・終了阻害要因…7, 9, 10, 14-
17, 37, 49, 55, 117, 162, 174, 185, 187, 192-
194, 197

終了のプロセス，終了プロセス…6, 8, 10, 11,
57, 59-61, 67-69, 78, 87, 107, 108, 123,
141, 159, 160, 166, 168, 170, 172, 174-177,
181, 193, 194

終了プロセスの類型…169

縮小社会…3, 4, 200

小選挙区（制）…61, 108, 199

職員（県の）…9, 10, 124, 142, 160, 161, 163,
185, 186, 192, 200

職員主導…9, 10, 124, 142, 160, 161, 163, 164,
169, 185, 192, 193, 200

自律性，自律的（地方政府の）…49, 51, 62,
75, 114, 142, 160, 162, 172, 183, 195, 197,
201

事例観察（過程観察，過程分析を含む）…70,
71, 74

進捗（事業の）…9, 10, 43, 61, 75, 87, 107, 123,
141, 160, 169, 174-178, 194

水害訴訟…27-29

政策過程研究…8, 9, 12, 19-21, 63, 66

政策共同体…58, 167

政策決定（誰が，どのようなプロセスで）…
19, 20

政策終了研究…7, 12, 22, 62

政策選好…9, 10, 105, 107, 108, 113, 124, 127,
142, 145, 161, 163, 164, 171, 192, 200

政策選択…4, 6-8, 11, 21, 22, 34, 49, 108, 164,
171, 176, 185-187, 191-193, 197, 198, 200,
201

政策転換（国の）…43, 48

政策転換（県政の）…10, 31, 109, 124, 142,
145, 146, 160, 161, 164, 186, 192

政策の終了…1, 2, 4, 5, 13-17

政治的要因（終了促進要因としての）…14,
17, 163, 192

正統性…85, 108, 171, 201

相互参照…65, 66, 75, 106, 139, 140, 184

組織利益…187, 191, 193, 200

【た 行】

代表性…85, 201

達増拓也…123

ダム［構造物としての定義］…25, 51-53

ダム事業（国，地方，いずれも含んだ一般的
な事業としての）…5, 23, 25, 27, 28, 31,
51, 53, 54

ダム事業の検証要請…46, 48

ダム事業の総点検…41, 42, 67

ダム等事業審議委員会（＝「ダム審」）（事業
評価等監視委員会とは異なる）…41, 42

多様性，ヴァリエーション…49, 162, 183, 195
-197, 200

地域振興計画，地域振興策，代替策…68, 69,
83-86, 94, 99, 106-108, 121, 149, 152, 157-
159, 171

知 事…9, 10, 29, 31, 78, 160, 163, 192, 200

知事交代…10, 109, 124, 127, 142, 155, 161,
164, 192

知事主導…9, 10, 29, 78, 163, 169, 186, 192, 200

治水安全度…51, 94, 95, 97-99, 147, 150, 189

地方議員…164, 165, 173, 193, 199

地方政治研究…7, 12, 19-23, 62, 66

地方政治の変動…31

地方分権推進法…176

索　引

中央地方関係（政府の）…5, 7, 21, 48, 53, 54,
　191, 193, 197, 201
中止（事業の）[本書の語句定義も含む]…1,
　2, 67-69, 72
中選挙区（制）…164, 193, 199
調査（本書での予備調査・実施計画調査を指
　す）…43, 53, 54, 174
"庁内の雰囲気"／"空気感"…10, 113, 124,
　186, 191, 200
定性的研究…9, 70
手　柄…63, 198, 199
撤退，撤退戦…4, 55, 192, 200-202
透明性…85, 108
独立性…5, 8, 55, 104, 105, 108, 201
都道府県営ダム事業…5, 33, 72, 164, 198

【な　行】

二元代表制…186
２段階整備…93, 97, 102, 163

【は　行】

橋本徹…30, 53, 74, 184
半構造式…71
反対アクター（終了への）…9, 10, 61, 63, 64,
　75, 87, 107, 123, 141, 160, 169, 172-174,
　176-179, 194, 198
ヒアリング［本書の手法としての]…76, 77
比較（事例比較，政府間比較，官僚間比較，
　政治家比較，知事と議会の比較）…5-7,
　9, 10, 17, 19, 21, 70, 71, 75, 164

非対称…70, 181, 195
非難回避…63, 198, 199, 201
平山征夫…74, 145, 155
附帯意見（青森県公共事業再評価等審議委員
　会）…129, 131, 133, 137, 142
プログラム，政策，組織，機能（終了が起こ
　りやすい順番としての）…14, 67, 68
分権の進展…6, 9, 10, 15, 61, 64, 65, 75, 87,
　107, 123, 141, 160, 169, 175-177, 185, 186,
　194
紛　争…10, 23, 27, 59, 63, 64, 124, 136, 142
補助金…24, 37, 43, 44, 51, 53, 54, 144

【ま　行】

増田寛也…74, 113, 123
三村申吾…126
民主主義…4, 200
無党派知事…31, 32, 74, 89, 105, 108

【や　行】

予算規模最大化…185, 193
予測的対応…161, 164, 193
与党３党の見直し…44-47
予備調査…53, 54

【ら　行】

流域委員会…40, 41
流域治水…89, 97, 102, 103, 105, 163
例外事例，例外類型…168, 169, 177, 180, 182,
　183, 196

223

著者紹介

戸田　香（とだ　かおり）

京都女子大学ジェンダー教育研究所　助教

京都女子大学文学部英文学科卒業。

大阪市立大学大学院創造都市研究科（都市政策専攻）修士課程修了，修士（都市政策）。

神戸大学大学院法学研究科（政治学）博士後期課程修了，博士（政治学）。

朝日放送テレビ株式会社（出向：株式会社朝日新聞社，株式会社テレビ朝日，株式会社デジアサ）を経て2023年4月から現職。

【主要業績】

「『寄り添う』という言葉が持つ価値と可能性：大学生は大川小学校津波事故から何を学んだのか」，『子どもたちの命と生きる：大川小学校津波事故を見つめて』，信山社，2023，第3章。

「都道府県は市町村の条例制定促進にどのような役割を果たすのか：男女共同参画推進条例を事例に」『京女法学』2023，23。

「公共政策学教育におけるケース・メソッドの有用性について：メディア系実務家教員の教育現場を事例に」，『公共政策研究』2020，(20)。

「事業終了の政治過程：そのプロセスの類型化は可能か」『年報政治学』2019，70(2)。

「岩手県野田村　地域のネットワークが大きな力を発揮した『のだ』：特産品の『塩』と女性起業の力」，「宮城県登米市　駅同士の連携で力を発揮した『みなみかた』：発揮された道の駅のネットワーク力」，『震災復興と地域産業3：生産・生活・安全を支える「道の駅」』，新評論，2013，第3章・第8章。

「河川統制から治水政策へのパラダイム転換：管理からガバナンスへ」，『公共の経済・経営学：市場と組織からのアプローチ』，慶應義塾大学出版会，2012，第13章。

撤退戦の民主主義
―― ダム事業の終了プロセスにみる地方政府の政策選択

2025年3月31日　初版第1刷発行

著　者　戸田　香

発行者　畑　　光

発行所　株式会社 法律文化社

〒603-8053 京都市北区上賀茂岩ヶ垣内町71
電話 075(791)7131　FAX 075(721)8400
customer.h@hou-bun.co.jp
https://www.hou-bun.com／

印刷：共同印刷工業㈱／製本：新生製本㈱
装幀：谷本天志

ISBN 978-4-589-04396-2

©2025 Kaori Toda　Printed in Japan

乱丁など不良本がありましたら、ご連絡下さい。送料小社負担にてお取り替えいたします。
本書についてのご意見・ご感想は、小社ウェブサイト、トップページの「読者カード」にてお聞かせ下さい。

JCOPY　〈出版者著作権管理機構　委託出版物〉

本書の無断複写は著作権法上での例外を除き禁じられています。複写される場合は、そのつど事前に、出版者著作権管理機構（電話 03-5244-5088、FAX 03-5244-5089, e-mail: info@jcopy.or.jp）の許諾を得て下さい。

坂本　勝著

公務員の人事制度改革と人材育成
―日・英・米・独・中の動向を踏まえて―

A 5 判・244頁・5390円

公務員の人事制度改革と人材育成の動向を国際比較の視点で検討。Ⅰ部で主に公務員任用後の人事制度改革を，Ⅱ部では公務員制度と高等教育制度との「連関」の重要性に着目し，公務員教育の問題を中心に考察。日本の公務員人材育成への課題と提言をする。

善教将大編

政治意識研究の最前線

A 5 判・242頁・3080円

政治意識に関する12の重要トピックについて，蓄積された知見を体系的にまとめたレビュー論文集。各トピックの第一線で活躍している研究者が最新の研究をフォローする。政治意識に関する研究に取り組む学生・研究者にとって最適なガイド。

石井まこと・所　道彦・垣田裕介編著
〈Basic Study Books〉

社　会　政　策　入　門
―これからの生活・労働・福祉―

A 5 判・238頁・2860円

従来の教科書にはない学生（読者）目線で，社会を生きていく上で重要な知識や考え方を身につけられるように，ライフステージ別で起きる生活・労働・福祉の問題を事例を踏まえて，現行制度の使い方，問題点，新しい制度の作り方などを理解できるように工夫した。

梶原健嗣著

近現代日本の河川行政
―政策・法令の展開：1868〜2019―

A 5 判・278頁・7040円

「河川行政」を，政治・経済・社会という大状況の中のひとつとして捉え，技術史的側面だけでなく法令や行政機構（組織）にも注目。近現代日本における河川行政の本質・構造を捉え直し，今後の政策や行政のあり方を展望する。

白鳥　浩編著〔現代日本の総選挙 1〕

二〇二一年衆院選
―コロナ禍での模索と「野党共闘」の限界―

A 5 判・330頁・4180円

コロナ禍で行われた異例づくめの21年衆院選。なぜ，野党共闘は不発に終わり，与党は堅調な成果をあげたのか。「複合選挙」「野党共闘」「代議士たちの苦闘」の 3 テーマで全国の注目選挙区での実態を解明する。

法律文化社

表示価格は消費税10%を含んだ価格です